누구나 읽을 수 있는

기하학 원론 I

유클리드
기하학원론

정완상 지음

지오아카데미

누구나 읽을 수 있는
기하학원론 I

초판인쇄 2017년 8월 15일
초판발행 2017년 8월 15일

지 은 이 정완상

발 행 처 (주)이모션티피에스 TEL : 02-2263-6414 / 홈페이지 : www.emotiontps.com
펴 낸 곳 지오아카데미
주 소 서울시 중구 퇴계로41길 39, 3층 302호(정암프라자)
등 록 2016년 3월 7일 제395-2016-000014호
전 화 02)2263-6414 | **팩스** 02)2268-9481
이 메 일 emotion-books@naver.com
홈페이지 www.geobooks.co.kr

ISBN 979-11-87541-17-2
979-11-87541-16-5 (세트)
값 15,000원

이 도서의 국립중앙도서관 출판예정도서목록(CIP)은 서지정보유통지원시스템 홈페이지(http://seoji.nl.go.kr)와 국가자료공동목록시스템(http://www.nl.go.kr/kolisnet)에서 이용하실 수 있습니다. (CIP제어번호 : CIP CIP2017017991)

목 차

제1권 직선, 각, 삼각형 3

1-1 도형의 기초 3

1-2 각 9

1-3 합동 17

1-4 평행선과 다각형 29

1-5 삼각형 39

1-6 도형의 넓이와 평행과의 관계 45

제2권 도형의 넓이 57

제3권 원 71

3-1 원의 성질 71

3-2 내접과 외접에 관한 성질 77

3-3 원에서 각도 문제 85

3-4 원과 지선의 관계 95

제4권 정다각형과 원 101

제1권

직선, 각, 삼각형

1-1 도형의 기초

점은 크기가 없는 도형이다. 점은 크기가 없으므로 섬의 길이나 넓이나 부피는 없다. 점은 평면위에서 위치를 나타내는 데 사용된다. 점이 끊어지지 않고 쭉 이어지면 선이 된다. 그러므로 이 때 더 많은 점이 이어지면 더 긴 선이 된다. 즉, 선은 길이를 가진다. 하지만 선은 넓이가 없다. 선에는 직선과 곡선이 있다. 직선은 양쪽으로 끝이 없는 곧은 선을 말하고 곡선은 휘어진 선을 말한다.

[직선] [곡선]

[그림 1-1]

직선은 끝이 없어서 그 길이를 알 수 없다. 그와 달리 선분은 직선의 일부분으로 양쪽 끝을 가진 선이다. 그러니까 선분의 길이는 알 수 있다. 선분의 양 끝은 점이다. 이 때 양 끝 점이 점A와 점B이면 이 선분을 선분 AB라고 부른다.

[그림 1-2]

선으로 둘러싸인 도형을 면이라고 부른다. 면은 넓이를 갖는다. 면 중에서 평평한 면에 놓일 수 있는 면을 평면이라고 부르고 그렇지 않고 휘어져 있는 면을 곡면이라고 부른다.

[평면] [곡면]

[그림 1-3]

[성질 1-1]

아래 그림과 같이 선분 AB가 주어져 있을 때 자와 컴퍼스를 이용해 한 변의 길이가 선분 AB의 길이와 같은 정삼각형을 그려보자.

[그림 1-4]

우선 A를 중심으로 반지름이 선분 AB의 길이가 되도록 원을 그린다.

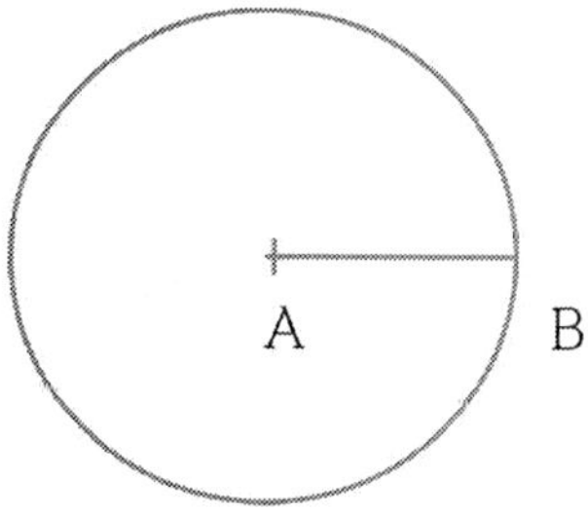

[그림 1-5]

다음 B를 중심으로 반지름이 선분 AB의 길이가 되도록 원을 그린다.

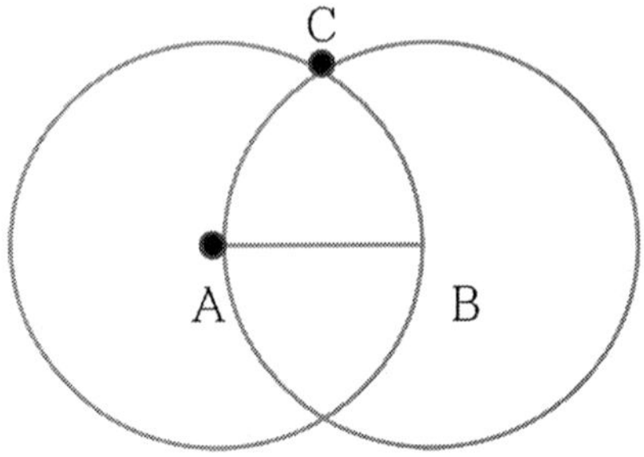

[그림 1-6]

여기서 점 C는 두 원이 만나는 교점 중에서 위에 있는 점이다. 이제 점 A와 점 C를 연결하고 점 C와 점 B를 연결하면 삼각형 ABC는 정삼각형이 된다.

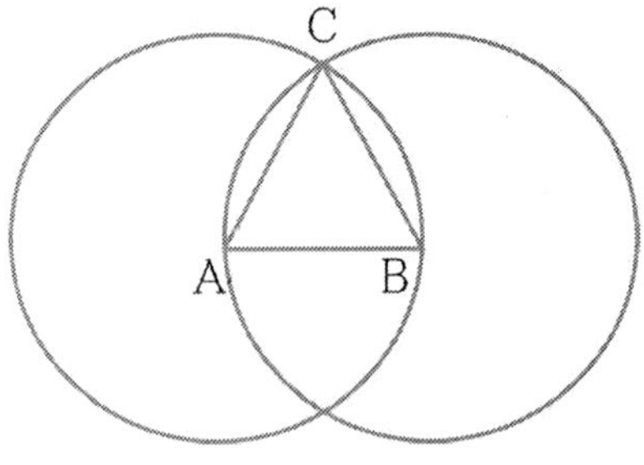

[그림 1-7]

왜냐하면 선분 AC의 길이는 점A를 중심으로 반지름이 선분 AB의 길이와 같은 원의 반지름으로 선분 AC의 길이는 선분 AB의 길이와 같다. 마찬가지로 선분 BC의 길이는 점B를 중심으로 반지름이 선분 AB의 길이와 같은 원의 반지름으로 선분 BC의 길이는 선분 AB의 길이와 같다. 따라서 삼각형 ABC의 세 변의 길이는 같다.

[성질 1-2]

이번에는 한 점 A와 선분 BC가 주어져 있을 때 A를 끝점으로 가지며 길이가 선분 BC의 길이와 같은 선분을 자와 컴퍼스만으로 그려보자. 여기서 점 A는 선분 BC위에 있지 않다.

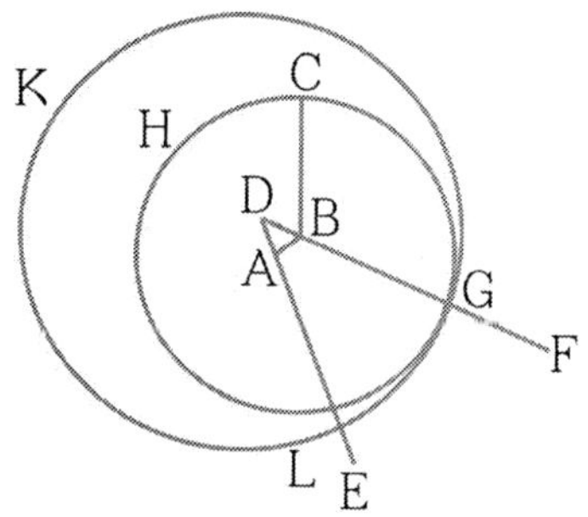

[그림 1-8]

점A 와 점 B를 이어 선분 AB를 만든다. 선분 BC가 주어지면 선분 AB를 한 변으로 갖는 정삼각형을 그릴 수 있다. 이 정삼각형의 다른 한 꼭지점을 D라고 하자. 점 B를 중심으로 반지름이 선분 BC의 길이와 같은 원을 그린다. 선분 DB의 연장선이 이 원과 만나는 점중에서 B에 가까운 점을 G라고 하자. 이제

$$BG = BC$$

이다. 이제 D를 중심으로 반지름이 DG가 되도록 원을 그린다. 이 원과 DA의 연장선과 만나는 점 중 A에 가까운 점을 L이라고 하자. 그러면

$$DL = DG$$

이고,

$$DL = AL + AD$$

$$DG = BG + BD$$

이고, AD = DB이므로

$$AL = BG = BC$$

이다. 그러므로 구하는 선분은 AL이다.

1-2 각

각은 한 점에서 그은 두 개의 직선으로 이루어진 도형을 말한다. 각의 크기를 각도라고 한다. 각의 크기는 두 변의 길이와 관계없고 오로지 두 변이 벌어진 정도에 따라 달라진다.

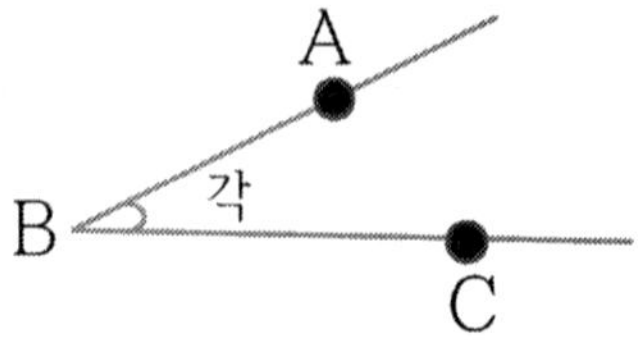

[그림 1-9]

아래 두 각을 보자.

[그림 1-10]

오른쪽의 두 변이 왼쪽 보다 더 많이 벌어졌으므로 오른쪽의 각도가 왼쪽의 각도보다 크다. 즉, 두변이 더 많이 벌어질수록 각도가 크다. 다음 그림과 같이 두 변이 서로 수직일 때의 각도를 1직각 또는 직각이라고 한다. 다음 그림 1-11 1직각을 똑같이 90으로 나눈 하나를 1도라고 부르고 1° 라고 쓴다.

1직각 = 90°

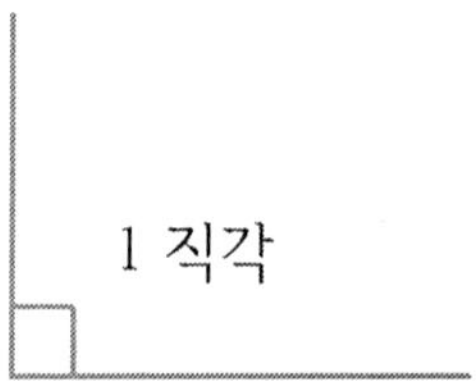

[그림 1-11]

1직각의 두 배를 2직각이라고 하는 데 2직각은 180° 이다.

[그림 1-12]

1직각의 세 배를 3직각이라고 하는 데 3직각은 270° 이다.

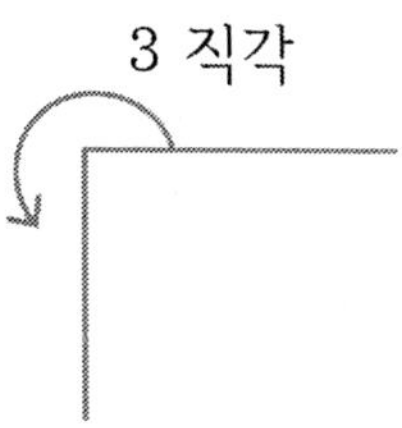

[그림 1-13]

1직각의 네 배를 4직각이라고 하는 데 4직각은 360° 이다. 4직각은 한 바퀴를 돌았을 때의 각도이다.

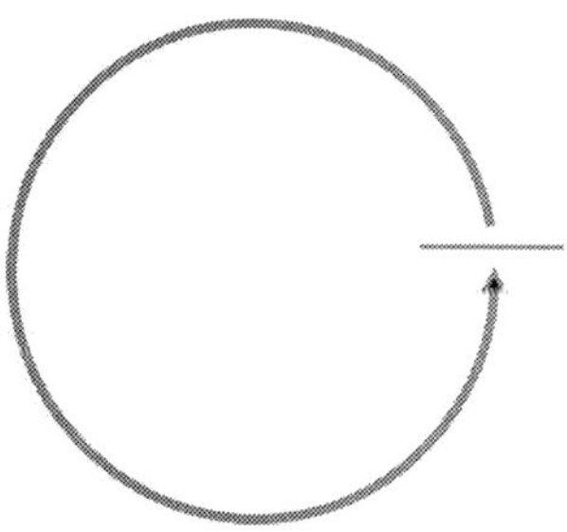

[그림 1-14]

직각보다 큰 각을 둔각이라고 부르고 직각보다 작은 각을 예각이라고 부른다.

[성질 1-3]

직선에 다른 한 직선을 세우면, 두 개의 직각을 만들거나, 또는 두 각을 더한 것이 2직각이 된다.

아래 그림을 보자.

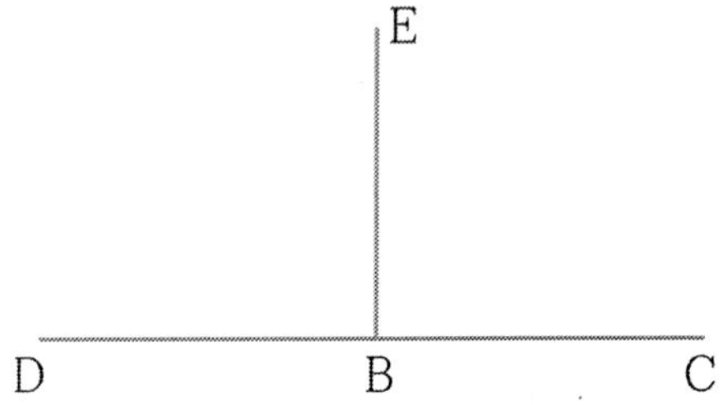

[그림 1-15]

직선 DC위의 한 점 B에서 수선 BE를 그리면

$$\angle DBE = \text{직각},\ \angle EBC = \text{직각}$$

이고,

$$\angle DBE + \angle EBC = 2\text{직각}$$

이다.

이번에는 직선 DC위의 한 점 B에서 비스듬하게 직선 BA를 그려라.

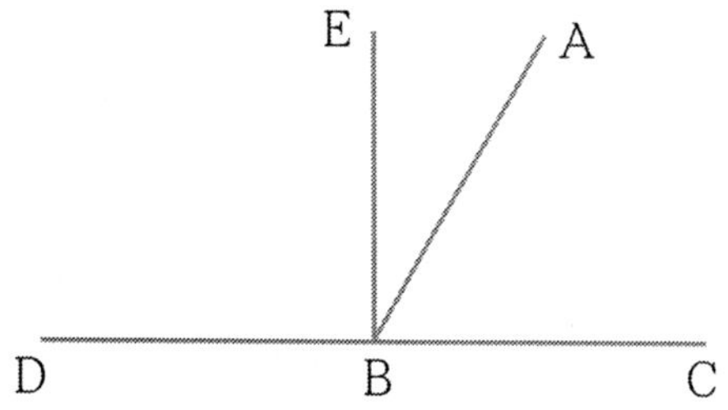

[그림 1-16]

직선 CD에 수직이 되도록 직선 BE를 그어라. 그러면

$$\angle ABC + \angle ABD = \angle EBC + \angle EBD$$

이므로 두 각을 더한 것은 2직각이 된다.

[성질 1-4]

한 점에서 만나는 두 직선에 대해 맞꼭지각은 같다.

사실 이 성질은 탈레스가 처음 발견했다. 다음 그림을 보자.

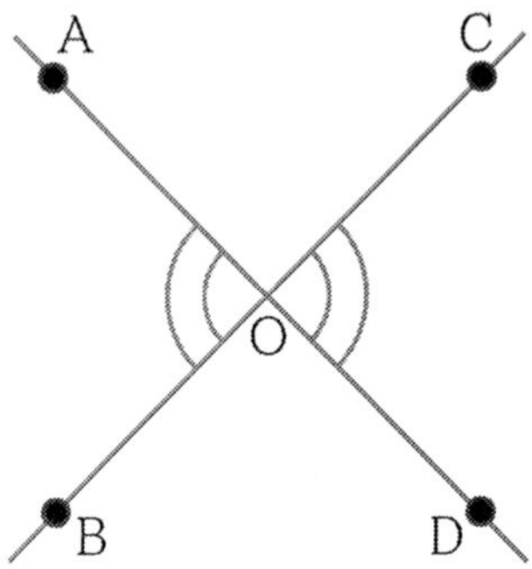

[그림 1-17]

∠AOB 와 ∠COD는 서로 마주보고 있는데 이런 두 각을 맞꼭지각이라고 부른다. 이제 왜 맞꼭지각이 같은지 증명해 보자. ∠AOC 의 크기를 a 라고 하면 ∠AOB와 ∠AOC를 더하면 180°가 되므로

$$\angle AOB + a = 180^\circ$$

마찬가지로 ∠AOC 와 ∠COD 를 더해도 180°가 되므로

$$a + \angle COD = 180^\circ$$

두 식을 비교하면

$$\angle AOB = \angle COD$$

가 되니까 맞꼭지각은 항상 같다.

[성질 1-5]

한 점에서 두 직선이 만날 때 생기는 네 각을 더하면 360°가 된다.

다음 그림을 보자.

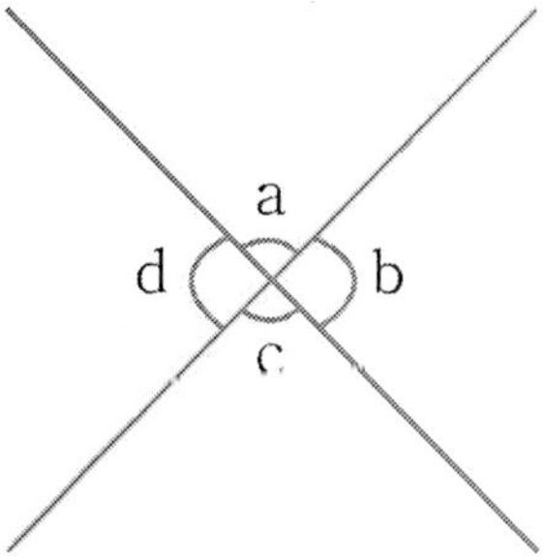

[그림 1-18]

위 그림에서

$a + b = 180°$이고, $c + d = 180°$이므로

$$a + b + c + d = 180° + 180° = 360°$$

이다.

1-3 합동

합동이란 두 도형이 완전히 포개어 지는 것을 의미한다. 그러므로 합동인 두 도형에 대해 서로 대응하는 변의 길이도 같고 대응하는 각의 크기도 같다. 다음 그림처럼 합동인 두 삼각형을 보자.

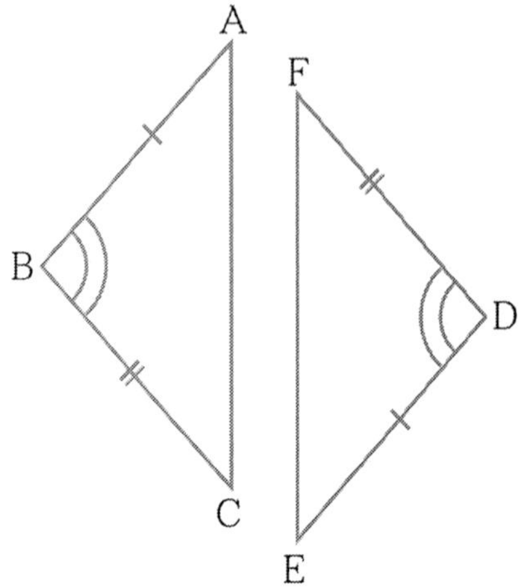

[그림 1-19]

두 삼각형에서 변 AB와 대응하는 변은 변 DE이므로 변 AB의 길이와 변 DE의 길이는 같다. 마찬가지로 변의 길이가 같은 것끼리 써보면 다음과 같다.

변 AB의 길이 = 변 DE의 길이
변 AC의 길이 = 변 EF의 길이
변 BC의 길이 = 변 DF의 길이

서로 대응하는 각의 크기가 같으므로 다음 식이 성립한다.

$$\angle A = \angle E$$
$$\angle B = \angle D$$
$$\angle C = \angle F$$

두 삼각형이 합동이 되려면 다음과 같은 세 경우 중 한 조건을 만족해야한다.

(1) 대응하는 세 변의 길이가 같다. (SSS 합동조건)

(2) 대응하는 두 변의 길이가 같고 그 사잇각의 크기가 같다. (SAS 합동조건)

(3) 대응하는 한 변의 길이가 같고 양 끝각의 크기가 같다.
(ASA 합동조건)

합동을 실생활에 처음 이용한 수학자는 그리스 시대 최초의 수학자인 탈레스이다. 탈레스는 정확히 언제 태어났는지 언제 죽었는지는 알려져 있지 않지만 기원전 600년 경 그리스의 밀레투스에서 태어났다. 아버지가 상인인 탓에 탈레스는 어릴 때부터 아버지와 함께 여러 나라를 돌아다니며 많은 지식을 접했다. 탈레스는 이집트에서 수학과 천문학에 관한 책을 읽으며 이 분야에 대한 연구를 하게 되었다.

탈레스는 삼각형의 합동을 이용하여 바다에 떠 있는 배까지의 거리를 계산했다.

배의 위치를 A라고 해보자. 그리고 점 B에서 배까지의 거리를 구한다고 해보자.

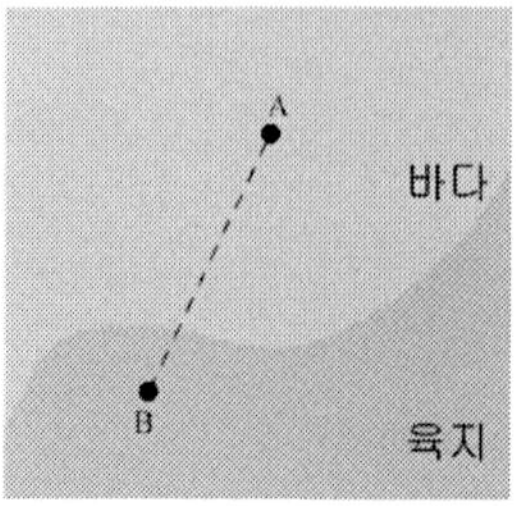

탈레스는 육지 쪽에 또 다른 점 C를 잡았다.

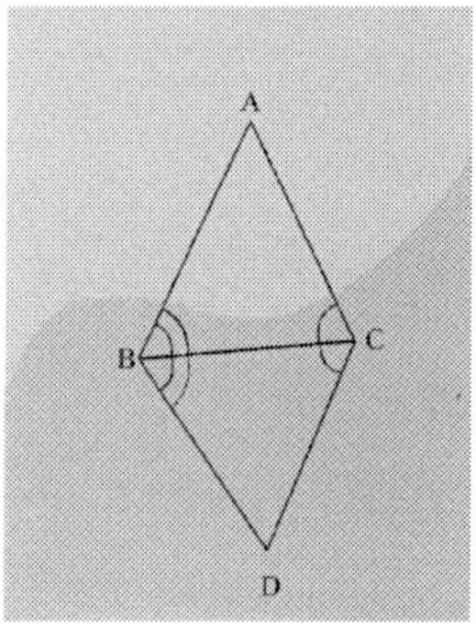

∠CBA 를 측정하여 그것과 같은 크기의 각이 되게 ∠CBD 를 만들고, ∠ACB 와 같은 크기의 각이 되게 ∠BCD를 만들어 점 D를 결정했다. 이때 삼각형 ABC 와 삼각형 DBC를 보면 한 변의 길이와 양 끝 각이 같다. 탈레스는 두 삼각형이 합동이라는 것을 알아냈다. 그러면 변 AB에 대응하는 변은 변 BD 이니까 변 AB의 길이와 변 BD의 길이가 같다. 즉 B에서 배까지의 거리는 B에서 D까지의 거리를 재면 된다.

[성질 1-6]

이등변 삼각형의 두 밑각의 크기는 같다.

삼각형의 세 변 중에서 두 변의 길이가 같은 삼각형을 이등변 삼각형이라 부른다. 다음 이등변 삼각형을 보자.

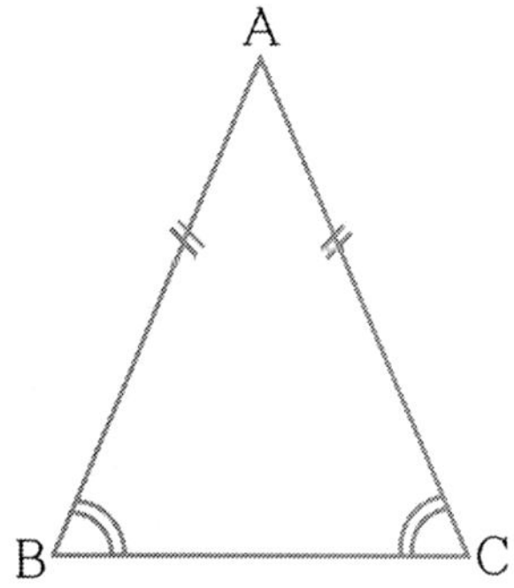

[그림 1-20]

이 때 이등변 삼각형의 두 밑각은 ∠B와 ∠C 이고 ∠B = ∠C 이다. 왜 그런지 보자. 다음 그림처럼 A에서 BC에 수선(BC와 수직인 선을 긋고 그 수선의 발(수선이 BC와 만나는 점)을 D라고 하자.

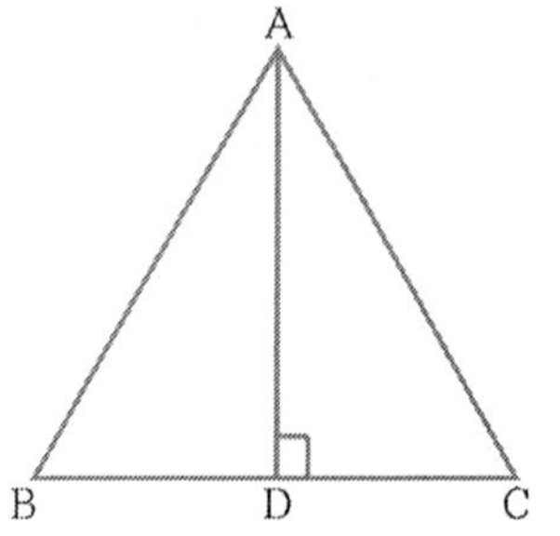

[그림 1-21]

위 그림에서 삼각형 ABD와 삼각형 ACD는 합동이므로 대응각이 같다. ∠B의 대응각은 ∠C 이므로 ∠B = ∠C가 성립한다.

[성질 1-7]

이등변 삼각형에서 $\angle B$의 외각과 $\angle C$의 외각은 크기가 같다.

다음 그림을 보자.

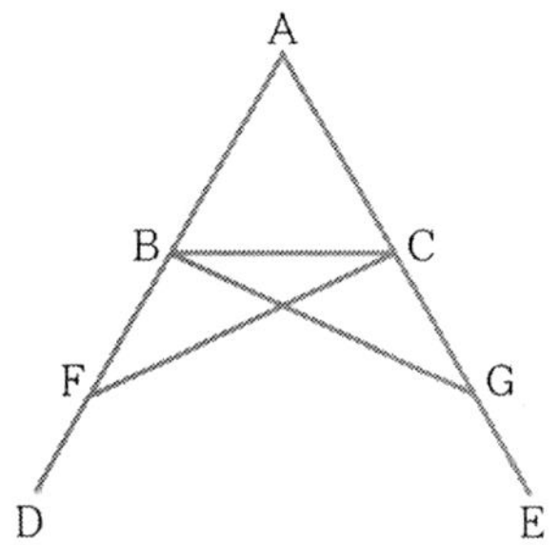

[그림 1-22]

AF=AG가 되도록 잡으면,

$$\triangle AFC \equiv \triangle AGB \text{ (SAS 합동)}$$

이므로

$$\angle AFC = \angle AGB$$

이며,

$$\triangle BFC \equiv \triangle CGB \text{ (SAS 합동)}$$

이므로

$$\angle FBC = \angle GCB$$

이다.

그런데 $\angle ABG = \angle ACF$이고 $\angle CBG = \angle BCF$이므로

$$\angle ABC = \angle ACB$$

이다.

[성질 1-8]

임의의 각은 이등분할 수 있다.

다음 그림을 보자.

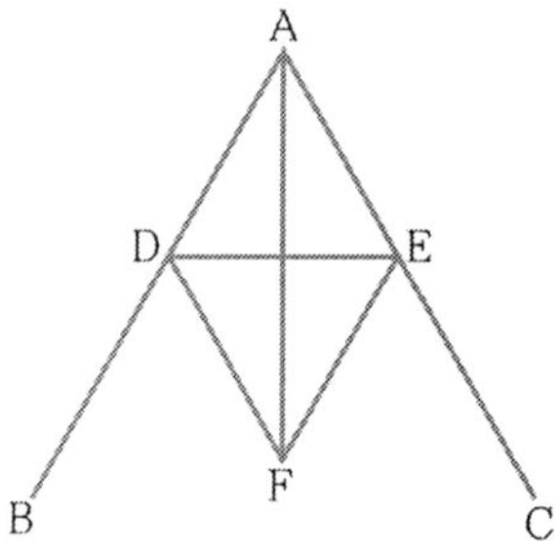

[그림 1-23]

각 BAC를 이등분해보자. AD = AE의 길이가 같도록 D를 변 AB위에 잡고 E를 변 AC위에 잡는다. DE를 한 변으로 가지는 정삼각형 DEF를 작도한다. 이제 A와 F를 연결하면 선분 AF는 각 BAC의 이등분선이다.

왜 그런지 살펴보자. 삼각형 AFD와 삼각형 AFE를 보면 AF는 공통이고 AD = AE이고, DF = FE 이므로 두 삼각형은 SSS 합동이다. 그러므로 각 DAF와 각 FAE 는 대응각으로 같다.

[성질 1-9]

임의의 선분을 이등분할 수 있다.

다음 그림을 보자.

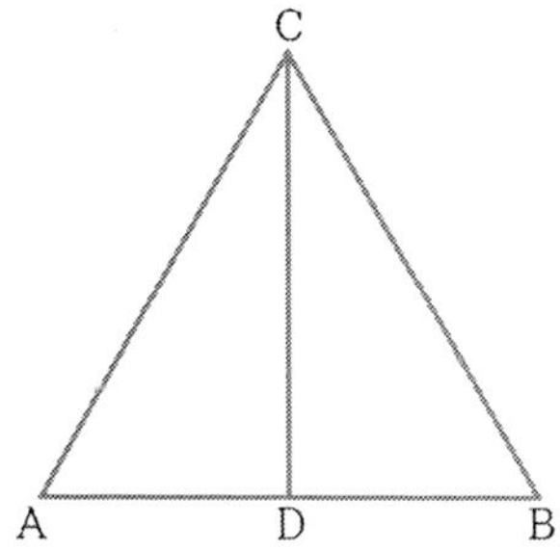

[그림 1-24]

선분 AB를 이등분 해보자. 선분 AB를 한 변으로 가지는 정삼각형 ABC를 만든다. 각 C를 이등분하도록 직선 CD를 긋는다. 그러면 삼각형 ACD와 삼각형 BCD는 SAS 합동이므로 AD = DB이다. 그러므로 점 D는 직선 AB를 이등분한다.

[성질 1-10]

직선 AB위의 점 C에서 그 직선에 대한 수선을 그릴 수 있다.

다음 그림을 보자.

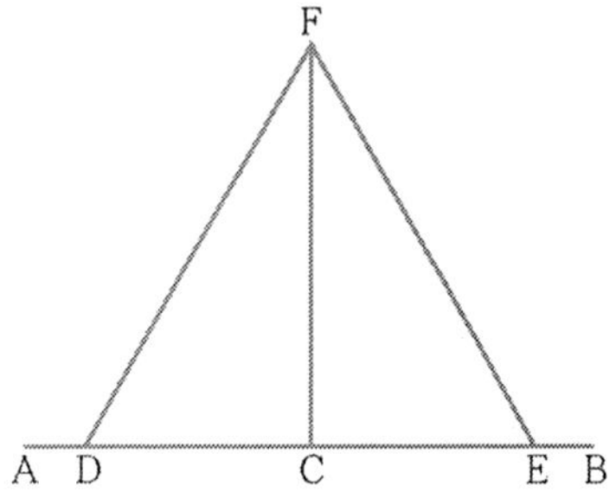

[그림 1-25]

점 C의 양쪽으로 CD와 CE의 길이가 같도록 두 점 D, E를 잡고, 변 DE를 한 변으로 갖는 정삼각형 FDE를 만든다. 직선 FC를 그으면, 삼각형 FDC와 삼각형 FEC는 SSS 합동이다. 그러므로 각 FCD와 각 FCE는 크기가 같다. 각 FCD와 각 FCE를 더하면 2직각이므로 각 FCD와 각 FCE는 모두 직각이다.

유클리드는 성질 1-10을 확장해, 직선위에 있지 않는 어떤 점으로부터 그 직선에 수선을 그릴 수 있다는 것을 알아냈다. [성질 1-11] 다음 그림을 보자.

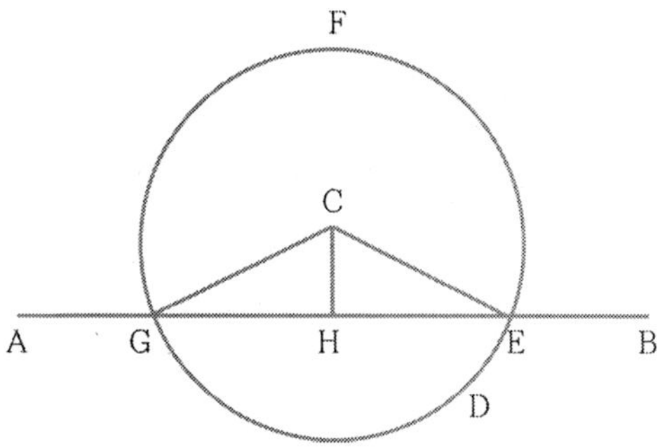

[그림 1-26]

위 그림에서 직선 AB위에 있지 않은 점 C로부터 직선에 수선을 그릴 수 있다. 직선의 아래쪽에 점 D를 임의로 선택한다. C를 중심으로 하고 CD를 반지름으로 해서 원을 그린다. 이 원이 직선 AB와 만나는 두 점을 각각 G, E라 하자. 선분 GE의 중점 H를 잡아라. 삼각형 CGH와 삼각형 CEH를 보라. CG = CE (반지름)이고, GH = HE 이며 CH는 공통이므로 두 삼각형은 SSS 합동이다. 그러므로 각 CHG와 각 CHE는 직각이므로 선분 CH는 직선 AB에 수직이다.

1-4 평행선과 다각형

한 직선에 수직인 두 직선을 그으면 두 직선은 서로 만나지 않는다. 이처럼 서로 만나지 않는 두 직선을 평행이라고 하고 평행한 두 직선을 평행선이라고 부른다.

(평행한 두 직선)

[그림 1-27]

아래 그림을 보자. 두 평행선중의 하나의 직선위에 있는 한 점 A에서 다른 직선으로 수선의 발을 내려 그 수선의 발을 B라고 하자. 이 때 선분 A B의 길이를 두 평행선 사이의 거리라고 한다. 이 때 점 A를 다른 점으로 택해도 평행선 사이의 거리는 달라지지 않는다.

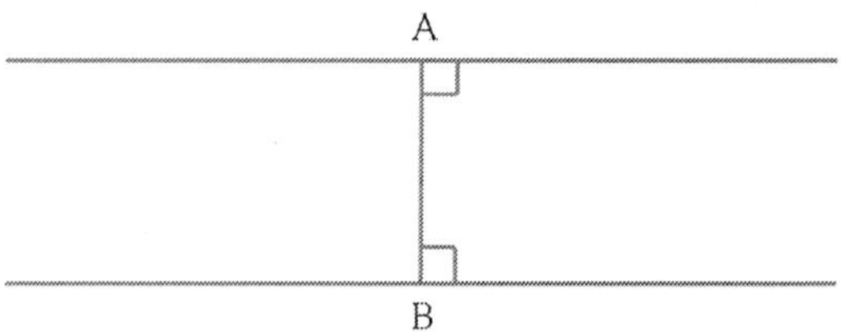

[그림 1-28]

사각형에는 여러 종류가 있다. 마주 보는 한 쌍의 변이 서로 평행인 사각형을 사다리꼴이라고 부른다. 마주보는 두 쌍의 변이 서로 평행인 사각형을 평행사변형이라고 부른다. 네 개의 변의 길이가 같은 사각형을 마름모라고 부른다. 사각형은 네 개의 각이 있다. 이 네 개의 각이 모두 직각일 때 그 사각형을 직사각형이라고 부른다. 직사각형 중에서 네 개의 변의 길이가 모두 같은 것을 정사각형이라고 부른다.

[성질 1-11]

평행선에서 동위각은 같다.

두 직선 ℓ ,m이 평행하다고 하자. 이 때 두 평행선과 만나는 직선 n를 다음 그림과 같이 그리자.

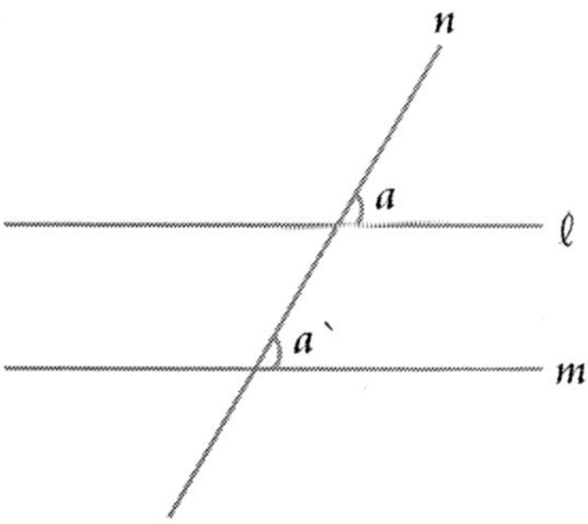

[그림 1-29]

이 때 같은 위치에 있는 두 각 a와 a'을 동위각이라고 부른다. 이제 동위각이 같다는 것을 증명하자. 다음 그림과 같이 직선 n 위의 한 점 A에서 평행선 ℓ ,m으로 수선을 그어 그 수선의 발을 각각 C, C'이라고 하자.

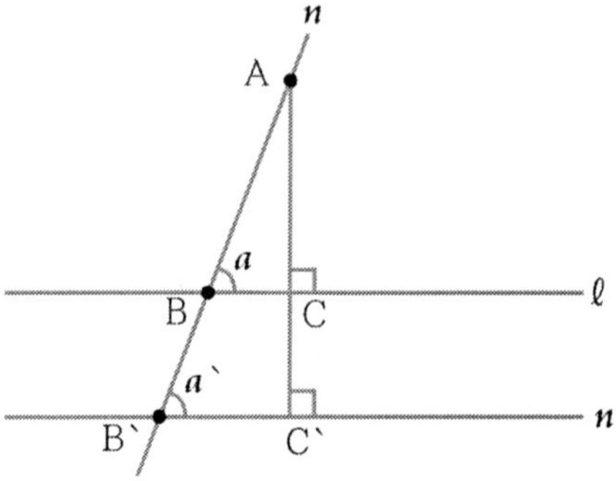

[그림 1-30]

이 때 삼각형 ABC와 삼각형 A BC'은 두 각이 같으므로 닮음이다. (각 A는 공통으로 같고, 각 ACB와 각 AC'B'은 직각으로 같다. 그러므로 두 삼각형의 다른 한 각도 같아야 한다. 따라서

$$a = a'$$

이 성립한다.

[성질 1-12]

평행선에서 엇각은 항상 같다.

다음 그림을 보라.

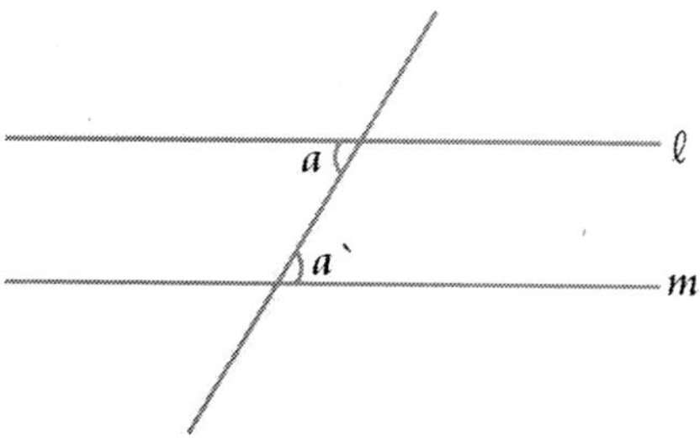

[그림 1-31]

아래 그림을 보자.

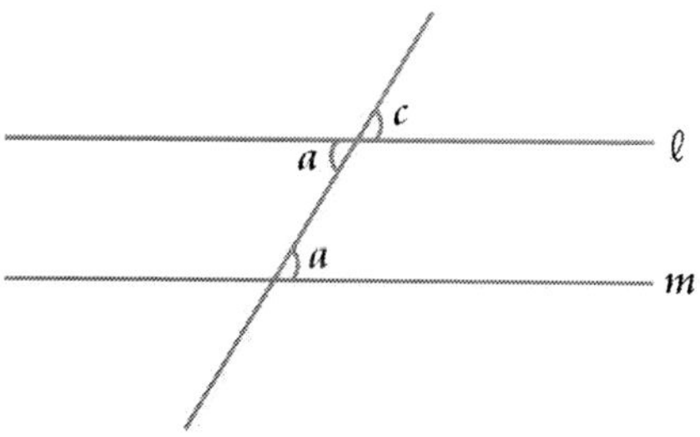

[그림 1-32]

두 직선 ℓ ,m이 평행하다고 하자. 위 그림에서 각 a와 각 a'을 엇각이라고 부른다. 이 때 각 c와 각 a'은 맞꼭지각으로 같으므로

$$c = a'$$

이고, 각 c와 각 a'은 동위각으로 같으므로

$$a' = c$$

이다. 그러므로 $a = a'$이 되어 평행선에서 엇각은 항상 같다.

[성질 1-13]

유클리드는 두 평행선과 이들과 만나는 한 직선이 있을 때 같은 쪽에 생기는 두 각의 합은 항상 180°라는 것을 알아냈다.

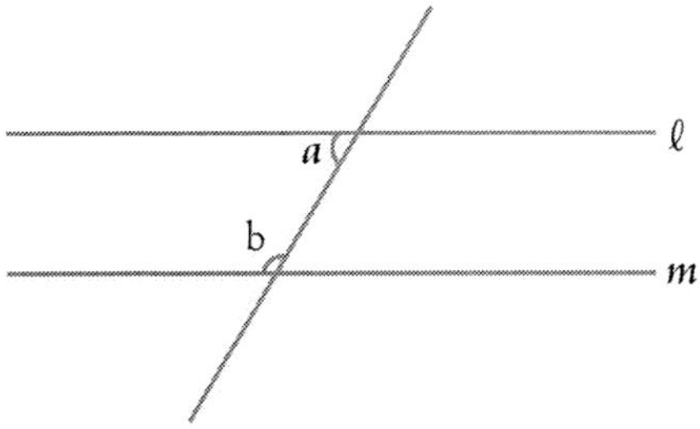

[그림 1-33]

위 그림에서 l과 m은 두 평행선이고 각 a와 각 b는 같은 쪽에 생기는 두 각을 나타낸다. 다음 그림을 보라.

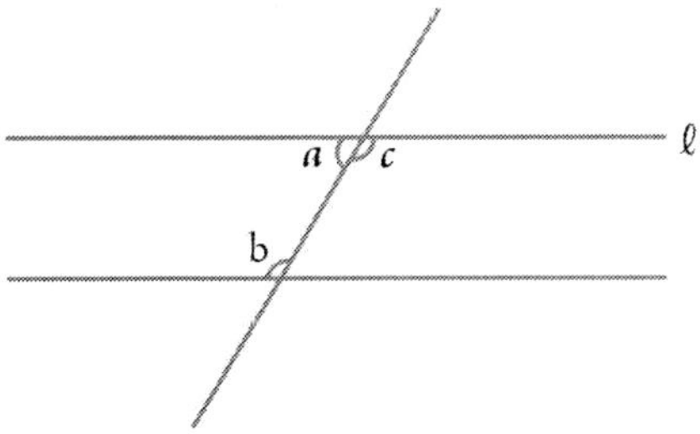

[그림 1-34]

이 때 각b와 각c는 엇각이므로

$$b = c$$

이고, 각 a와 각 c의 합은 180°이므로

$$a + c = 180°$$

이다. 위 식에 $c = b$를 넣으면

$$a + b = 180°$$

가 된다.

[성질 1-14]

유클리드는 또한 직선 l이 직선 m과 평행하고 동시에 직선 n과도 평행하면 두 직선 m과 n도 평행이라는 것을 알아냈다.

다음 그림를 보자.

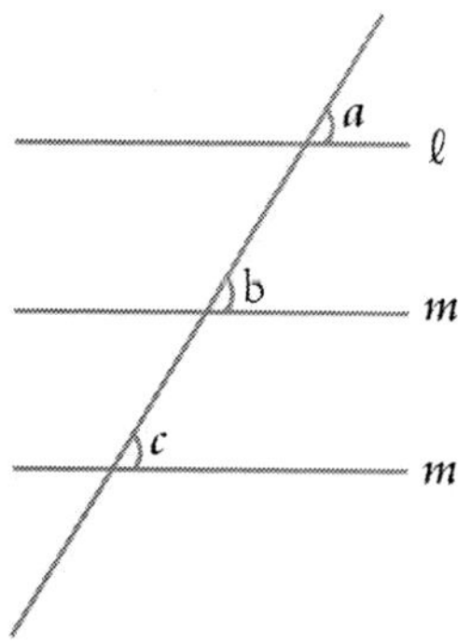

[그림 1-35]

직선 l이 직선 m과 평행하므로 동위각은 같다. 그러므로

$$a = b$$

직선 l이 직선 n과 평행하므로 동위각은 같다. 그러므로

$$a = c$$

따라서 우리는

$$b=c$$

를 알게 되었다. b와 c는 두 직선 m과 n의 동위각이다. 두 직선의 동위각이 같으므로 두 직선은 평행이다.

1-5 삼각형

[성질 1-15]

삼각형의 내각의 합은 180°이다.

다음 그림과 같이 삼각형 ABC에서 점 A를 지나고 BC와 평행인 직선을 그리자.

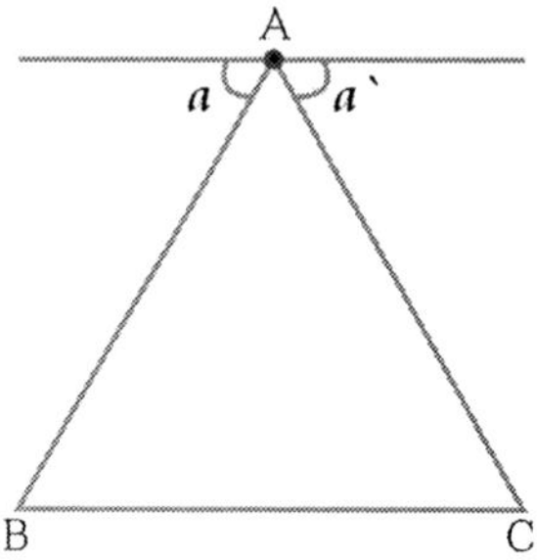

[그림 1-36]

이 때 각 a는 각B와 엇각이므로 같고, 각 a'은 각C와 엇각이므로 같다.

$$a = \angle B, \quad a' = \angle C$$

한편 각 a와 각 A와 각a'을 더하면 180°이므로

$$a + \angle A + a' = 180°$$

이다. 따라서

$$\angle A + \angle B + \angle C = 180°$$

이다.

[성질 1-16]

삼각형의 한 외각은 다른 두 내각의 합과 같다.

다음 그림을 보자.

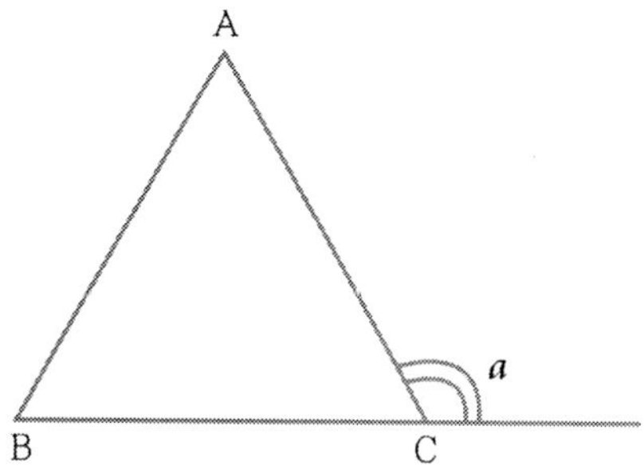

[그림 1-37]

위 그림에서 각 a를 각C의 외각이라고 부른다. 즉, 각C와 각C의 외각을 더하면 180°가 된다.

$$a + \angle C = 180°$$

삼각형의 세 내각의 합은 180°이므로

$$a + \angle C = \angle A + \angle B + \angle C$$

이고, 따라서

$$a = \angle A + \angle B$$

이다.

[성질 1-17]

삼각형에서 긴 변에 대응되는 각이 짧은 변에 대응되는 각보다 크다.

다음 그림을 보자.

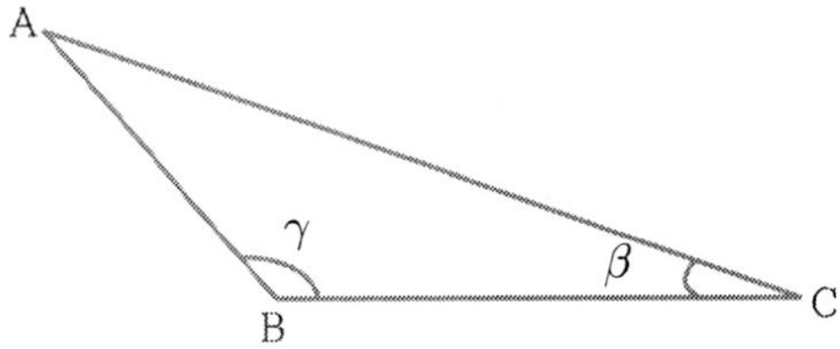

[그림 1-38]

위 그림에서 AC가 AB보다 길다고 하자. 이 때 긴 변에 대응되는 각은 각 γ이고 짧은 변에 대응되는 각은 각 β이다. 그러므로 우리는 각 γ가 각 β보다 큼을 보여야한다. 변 AC가 변 A B보다 길기 때문에 변 AC위에 AB = AD가 되는 점 D를 그릴 수 있다.

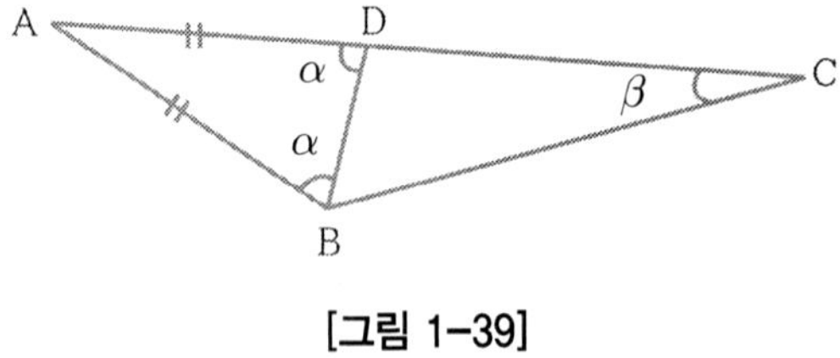

[그림 1-39]

이 때 삼각형 ADB는 이등변 삼각형이므로 두 밑각은 같다. 그림으로부터

$$\gamma > \alpha$$

이다. 한 편 각 α는 삼각형 BDC에서 각 BDC 의 외각이므로

$$\alpha = \angle \mathrm{D\,B\,C} + \beta$$

이다. 따라서

$$\alpha > \beta$$

가 성립한다. $\gamma > \alpha$이고, $\alpha > \beta$이므로

$$\gamma > \beta$$

이다.

[성질 1-18]

삼각형에서 두 변의 길이를 더한 것은 다른 한 변의 길이보다 항상 크다.

삼각형 ABC에서 AB를 연장해 AD = AC 인 점 D를 택하고 D와 C를 잇는다.

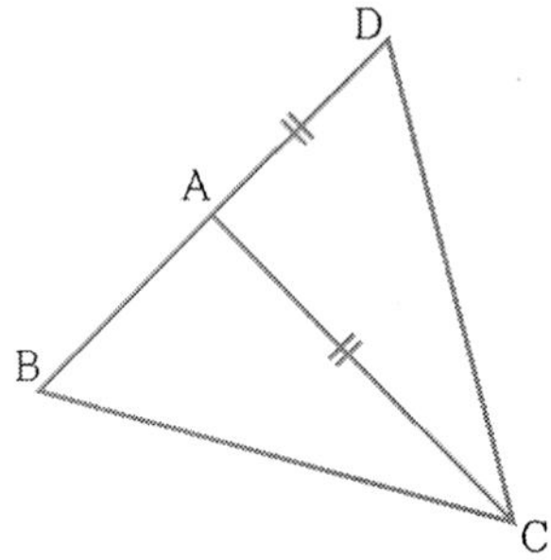

[그림 1-40]

삼각형 CAD는 이등변 삼각형이므로 두 밑각은 같다.

$$\angle ACD = \angle ADC$$

$\angle BCD > \angle ACD$ 이므로

$$\angle BCD > \angle ADC$$

이다. 성질 1-17에 의해

$$BD > BC$$

또는

$$BA + AD > BC$$

이다. AD = AC 이므로

$$BA + AC > BC$$

이다. 즉 삼각형 ABC 에서 두 변의 길이의 합 (BA + AC)는 다른 한 변의 길이 (BC)보다 크다.

1-6 도형의 넓이와 평행과의 관계

유클리드는 평행선의 성질을 이용하여, 사각형의 넓이와 삼각형의 넓이에 관한 많은 성질들을 발견했다.

[성질 1-19]

평행사변형에서 대각선은 평행사변형의 넓이를 이등분한다.

다음 그림을 보자.

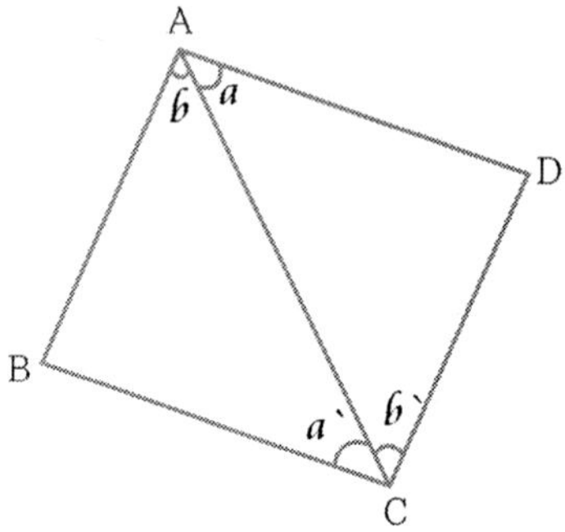

[그림 1-41]

위그림에서 AC는 대각선이다. AD와 BC가 평행하므로 엇각은 같다. 그러므로

$$a = a'$$

이다. 또한, 평행사변형에서 A B와 DC는 평행하므로 엇각은 같다. 그러므로

$$b = b'$$

이다. 두 삼각형 ABC와 ACD 에서 AC는 공통이고 두 각이 같으므로 두 삼각형은 합동이다. 그러므로 삼각형 ABC와 ACD의 넓이가 같다.

[성질 1-20]

아래 그림과 같은 두 평행사변형 ABCD와 EFGH를 보자.

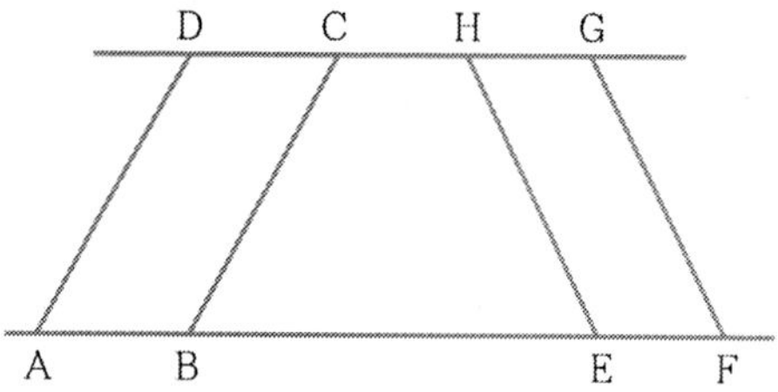

[그림 1-42]

이 때 AB의 길이와 EF 의 길이가 같으면 두 평행사변형의 넓이는 같다,

두 사각형이 평행사변형이므로 DC와 AB는 평행이고, 마찬가지로 HG와 EF도 평행이다. 그러므로 D,C,H,G를 지나는 직선과 A,B,E,F를 지나는 직선은 평행이다. 평행사변형의 넓이는 밑변의 길이와 높이의 곱이다. A B의 길이와 EF 의 길이가 같으므로 두 평행사변형은 밑변의 길이가 같다. 두 평행사변의 높이는 평행인 두 직선 (D,C,H,G를 지나는 직선과 A,B,E,F를 지나는 직선) 사이의 거리로 같으므로 두 평행사변형의 넓이는 같다.

[성질 1-21]

직각삼각형에서 빗변의 길이를 한 변으로 갖는 정사각형의 넓이는 다른 두 변의 길이를 각각 한 변으로 갖는 정사각형의 넓이의 합과 같다.

이것은 유명한 피타고라스의 정리이다. 피타고라스는 사모스 섬이라 부르는 아름다운 섬에서 태어났다. 피타고라스가 정확히 언제 태어났고 언제 죽었는지는 알려져 있지 않지만 대략 기원전 570년 전후라고 한다. 피타고라스가 태어난 시기에 그리스는 수많은 식민지를 거느리고 있었다. 사모스 섬 역시 그리스의 식민지 중 하나이다. 에게 해에 있는 사모스 섬은 무역이 번창하고 학문과 문화가 발달한 항구도시다. 피타고라스의 아버지는 상인으로 어릴 때부터 수학에 천부적인 소질을 보였던 피타고라스는 탈레스로부터 수학과 천문학을 배웠고 20살이 되던 해에는 이집트의 멤피스로 가서 수학과 철학과 천문학에 심취했다. 피타고라스는 수학을 가르치기 위해 다시 고향 사모스로 돌아왔지만 별로 유명하지 않았던 피타고라스에게 수학을 배우려는 사람이 없었다. 사모스에서 수학을 가르치는 것이 여의치 않자 피타고라스는 이탈리아의 크로톤으로 가서 기원전 529년 학교를 세웠다.

[피타고라스 동상]

피타고라스의 학교에는 그를 추종하는 사람들이 모여들어 피타고라스학파가 만들어졌다. 피타고라스학파에서 발견된 것은 모두 피타고라스의 이름으로 발표되고 발견된 내용을 학파 사람들이 아닌 다른 사람들에게 알리는 것을 엄격히 금지되었다.

기초를 강조했던 피타고라스는 모여든 추종자들에게 처음부터 수학을 가르쳐 주지 않고 마음을 깨끗이 하는 법과 철학을 가르쳤다. 피타고라스는 수학이 인간과 신을 연결하는 학문이기 때문에 몸과 마음을 깨끗이 하고 사치스럽게 살지 않는 등 올바른 철학정신을 지니지 않고 섣불리 수학을 공부하면 미쳐 버릴 수 있다고 경고했다. 제자들은 피타고라스에게 수학을 배우기 위해서는 오랜 시간동안 경건한 마음으로 금욕생활을 해야 했다. 충분한 경지에 오르게 된 제자는 염원하던 수학을 배울 수 있게 되는 데 이들을 마테마테코이라고 불렀어. 이것은 '수학을 공부하는 학생' 이라는 뜻이다.

피타고라스는 또한 그의 이름을 가장 위대하게 만든 피타고라스 정리를 만들었다. 이것은 직각삼각형에서 빗변의 길이의 제곱은 다른 두 변의 길이의 제곱의 합과 같음을 말한다. 직각삼각형이란 삼각형의 세 개의 각 중 하나가 직각인 삼각형을 말한다. 다음 삼각형을 보자.

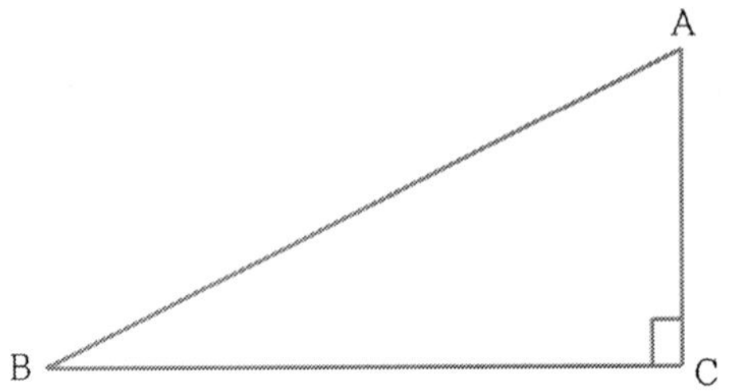

[그림 1-43]

각 C가 직각이므로 이 삼각형은 직각삼각형이다. 이 때 비스듬하게 내려오는 변을 빗변이라고 부른다. 이 삼각형에서는 변 AB가 빗변이다. 피타고라스 정리는 다음과 같다.

$$AB^2 = BC^2 + CA^2$$

사실 피타고라스 정리는 피타고라스가 발견하기 훨씬 전에 고대 바빌로니아나 이집트 사람들도 어렴풋이 알고 있었다. 이집트 사람들은 세 변의 길이가 3, 4, 5 일 때 직각 삼각형이 된다는 것을 알고 있었다. 즉 이 세수는 $5^2 = 3^2 + 4^2$을 만족한다. 바빌로니아 사람들도 세 변의 길이가 5, 12, 13 일 때 직각 삼각형이 된다는 것을 알고 있었다. 즉 이 세수 역시 $13^2 = 5^2 + 12^2$을 만족한다. 하지만 임의의 직각 삼각형에 대해서는 피타고라스가 최초로 발견했다. 그래서 이 정리를 피타고라스 정리라고 부른다.
수에 관심이 많았던 피타고라스는 피타고라스 정리를 만족하는 세 자연수를 피타고라스 수라고 불렀다. 그렇다면 어떤 수들이 피타고라스 수가 될까? 우선 3, 4, 5는 피타고라스 수이다. 이 수 각각에 2배를 하면 6, 8, 10 이 되는 데 이것 역시 피타고라스 수가 된다. 일반적으로 어 떤 세 수가 피타고라스 수일 때 세 수에 똑같은 수를 곱한 수들도 피타고라스 수가 되므로 피타고라스 수는 무한히 많이 만들 수 있다.

피타고라스 정리는 기하학에서 아주 중요한 역할을 한다. 예를 들어 평면에서 두 점사이의 거리 공식, 삼각함수, 원과 타원의 방정식 등을 만드는 데 피타고라스 정리는 결정적인 역할을 한다. 다음 직각 삼각형을 보자

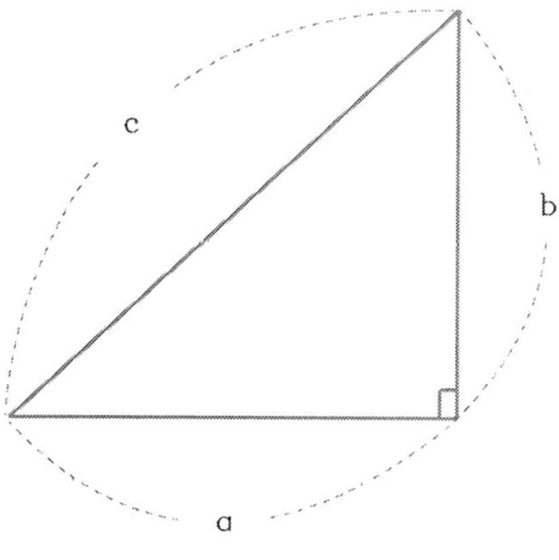

[그림 1-44]

피타고라스 정리는 다음과 같다.

$$c^2 = a^2 + b^2$$

다음 그림을 보자.

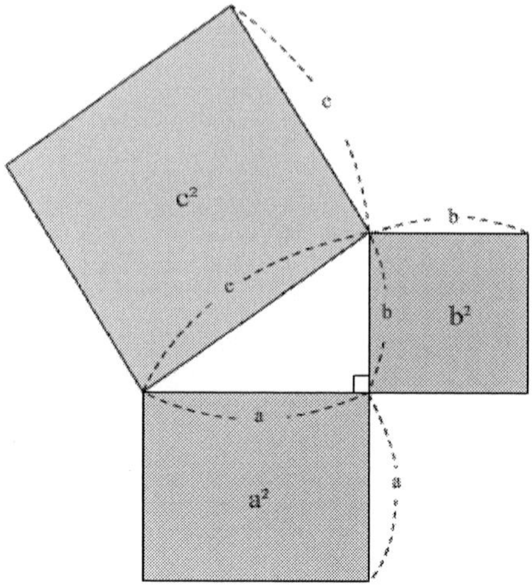

[그림 1-45]

c^2은 한 변의 길이가 c인 정사각형의 넓이이므로 피타고라스 정리는 위 그림에서 붉은 정사각형의 넓이가 두 개의 파란 정사각형의 넓이의 합과 같다는 것을 뜻한다. 다음과 같은 정사각형을 생각해보자.

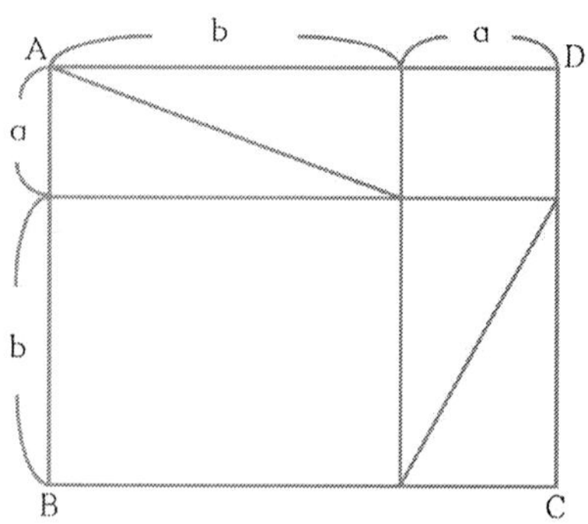

[그림 1-46]

이 정사각형의 넓이를 다음과 같이 그림으로 나타낼 수 있다.

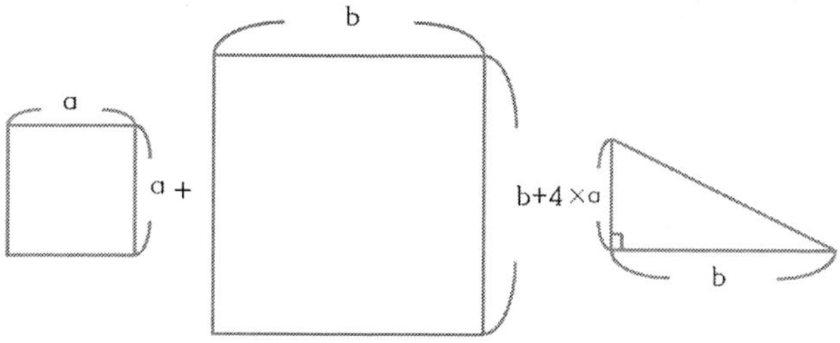

(3−3)

[그림 1-47]

이 정사각형을 다음과 같이 나누어보자.

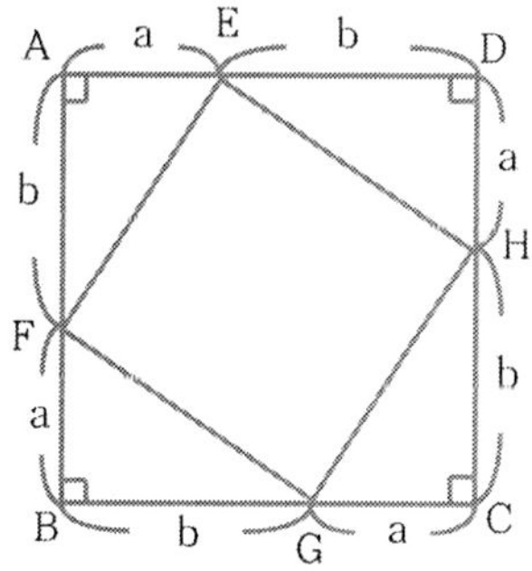

[그림 1-48]

삼각형 AEF에서 ∠A는 직각이고 삼각형의 내각의 합은 180°이므로

$$\angle AEF + \angle AFE = 90^\circ$$

가 된다. ∠AEF=α, ∠AFE=β 라고 하면

$$\alpha + \beta = 90^\circ$$

이지? 삼각형 AEF와 삼각형 BFG는 합동이므로

$$\angle GFB = \angle AEF = \beta$$

가 된다. 한편

$$\angle EFA + \angle EFG + \angle GFB = 180°$$

또는

$$\alpha + \beta + \angle EFG = 180°$$

이고 $\alpha + \beta = 90°$ 이므로

$$\angle EFG = 90°$$

가 된다. 마찬 가지로 $\angle FEH = 90°$이다.

또한, 삼각형 AEF와 삼각형 BFG는 합동이므로

$$\overline{EF} = \overline{FG}$$

가 된다. 그러므로 사각형 EFGH는 정사각형이다. 정사각형 EFGH의 한 변의 길이를 c라고 하면 이 정사각형의 넓이는 c^2이다. 이때 사각형 ABCD의 넓이는 다음과 같이 그림으로 나타낼 수 있다.

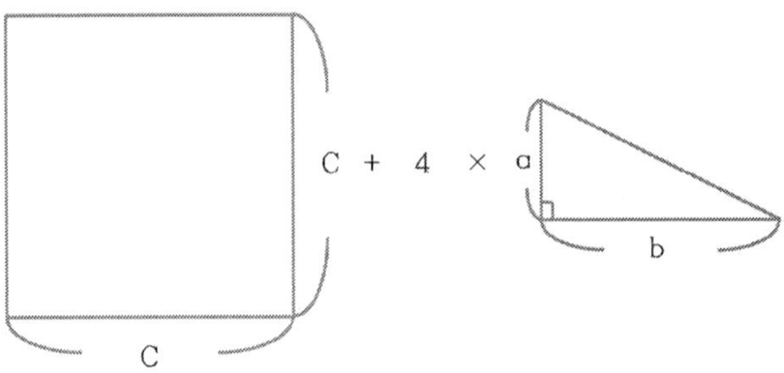

(3-4)

[그림 1-49]

(3-3)과 (3-4)를 비교하면

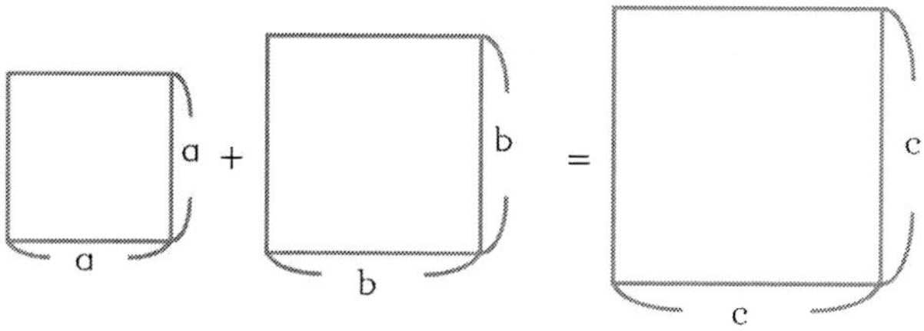

[그림 1-50]

가 되므로

$$a^2 + b^2 = c^2$$

이 되고 이때 c는 직각삼각형의 빗변의 길이를 나타낸다.

제2권

도형의 넓이

도형이 얼마나 넓은 지를 나타낼 때 넓이를 사용한다. 넓이의 단위로는 km^2, m^2, cm^2 등이 있다. $1km^2$은 한 변의 길이가 1km인 정사각형의 넓이이고 $1m^2$은 한 변의 길이가 1m인 정사각형의 넓이이며 $1cm^2$은 한 변이 길이가 1cm인 정사각형의 넓이이다. 임의의 도형의 넓이는 한 변의 길이가 1cm인 정사각형의 넓이의 몇 배가 되는 지를 알아보면 된다. 예를 들어 한 변의 길이가 2cm 인 정사각형 속에는 한 변의 길이가 1cm인 정사각형이 네 개 들어가므로 한 변의 길이가 2cm인 정사각형의 넓이는 $4cm^2$이 된다. 넓이의 단위들 사이에는 다음과 같은 관계가 있다.

$$1km^2 = 1000000\ m^2$$

$$1m^2 = 10000\ cm^2$$

[성질 2-1]

다음그림과 같이 직사각형 ACDF를 선분 BC에 의해 두 개의 직사각형의 분할했을 때 직사각형 ACDF의 넓이는 직사각형 ABEF의 넓이와 직사각형 BCDE의 넓이의 합이다.

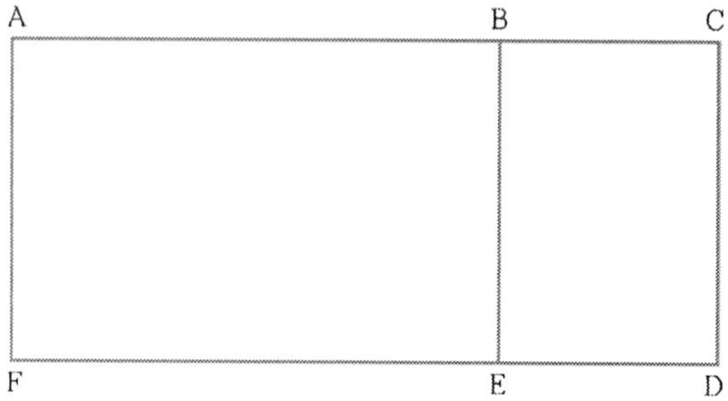

[그림 2-1]

이것은 너무나 당연한 사실이다. 하지만 이 식은 바로 분배법칙을 설명해준다. 다음 그림을 보자.

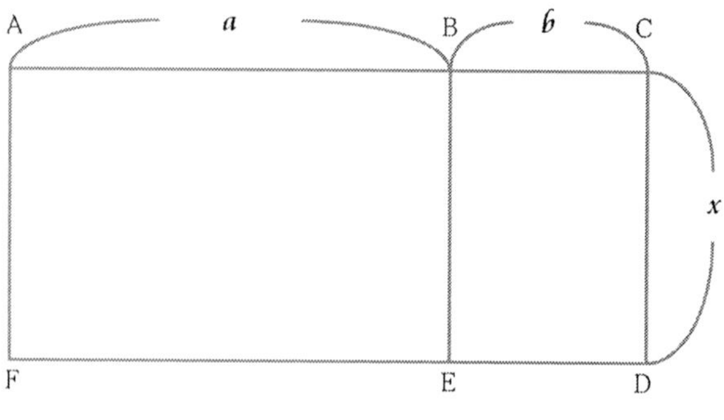

[그림 2-2]

직사각형 ACDF의 넓이 = $(a+b)x$

직사각형 ABEF의 넓이 = ax

직사각형 BCDE의 넓이 = bx

이므로

$$(a+b)x = ax + bx$$

가 되어 분배법칙이 성립한다.

[성질 2-2]

다음 그림과 같이 정사각형 ABED를 변 CF에 의해 두 개의 직사각형으로 분할했을 때 정사각형 ABED의 넓이는 직사각형 ACFD의 넓이와 직사각형 CBEF의 넓이의 합이다.

[그림 2-3]

AB = a, CB=b라고 하면 다음 그림과 같다.

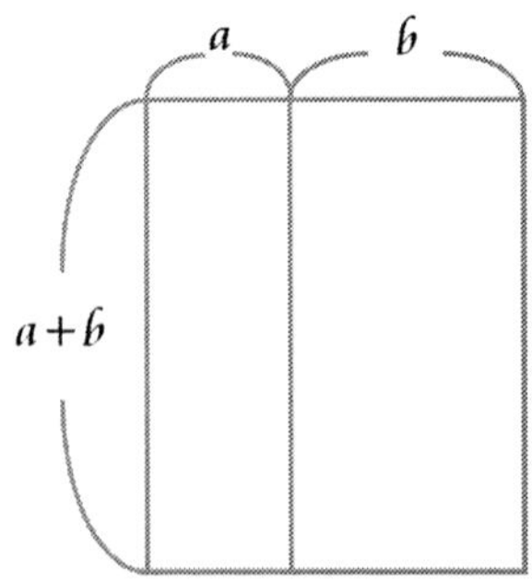

[그림 2-4]

정사각형 ABED의 넓이 $= (a+b)^2$

직사각형 ACFD의 넓이 $= a(a+b)$

직사각형 CBEF의 넓이 $= b(a+b)$

이므로 이 법칙은 다음 관계식을 나타낸다.

$$a(a+b)+b(a+b)=(a+b)^2$$

[성질 2-3]

아래 그림과 같이 직사각형 ABEF에서 변 AB위의 한 점 C를 택하고, C를 지나 AF에 평행인 직선이 변 FE와 만나는 점을 D라고 할 때 가로와 세로가 각각 AB와 BC인 직사각형의 넓이는 가로와 세로가 각각 AC와 BC인 직사각형의 넓이와 BC를 한 변으로 갖는 정사각형의 넓이의 합이다.

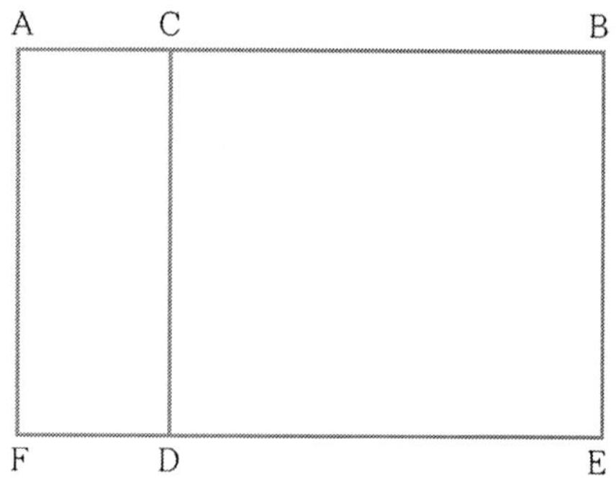

[그림 2-5]

왜 그런지 알아보자. 다음과 같이 놓자.

$$\text{AC의 길이} = a$$

$$\text{BC의 길이} = b$$

이 때

AB의 길이 $= a + b$

가로와 세로가 각각 AB와 BC인 직사각형의 넓이 $= (a + b)b$

가로와 세로가 각각 AC와 BC인 직사각형의 넓이 $= ab$

BC를 한 변으로 갖는 정사각형의 넓이 $= b^2$

분배법칙에 의해 $(a+b)b = ab + b^2$이므로 가로와 세로가 각각 AB와 BC인 직사각형의 넓이는 가로와 세로가 각각 AC와 BC인 직사각형의 넓이와 BC를 한 변으로 갖는 정사각형의 넓이의 합이다.

[성질 2-4]

아래 그림과 같이 정사각형 ABED의 선분 AB위의 점 C를 지나고 변 AD에 평행하도록 선분 CF를 그리고 이 선분이 대각선 BD와 만나는 점을 G라 놓고, 점 G를 지나고 AB에 평행하도록 선분 HK를 그리자. 이 때 사각형 CGKB와 사각형 HDFG는 정사각형이다.

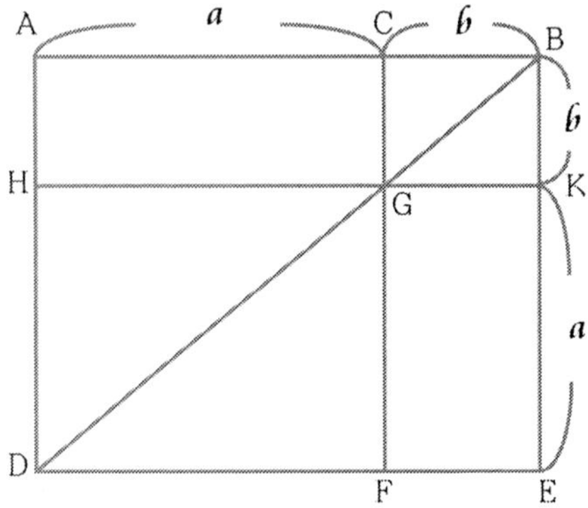

[그림 2-6]

왜 그런지 이유를 살펴보자. 각 CGB와 각 ADB는 평행선의 동위각이어서 크기가 같고, 각 ADB와 각 ABD는 이등변삼각형의 밑각들이어서 크기가 같으니, 각 CGB와 각 CBG는 크기가 같다. 그러므로 BC와 CG는 길이가 같다. 그런데 CB와 GK는 길이가 같고, CG와 BK는 길이가 같으니, CGKB는 변들의 길이가 모두 같다. CG와 BK는 평행하고, 각 KBC는 직각이니까, 각 BCG도 직각이다. 마주 보는 각 CGK와 각 GKB도 직각이다. 그러므로 CGKB는 정사각형이다. 마찬가지 이유로, HDFG는 정사각형이다. 이 법칙은 재미있는 전개 공식을 준다.

다음 그림을 보자.

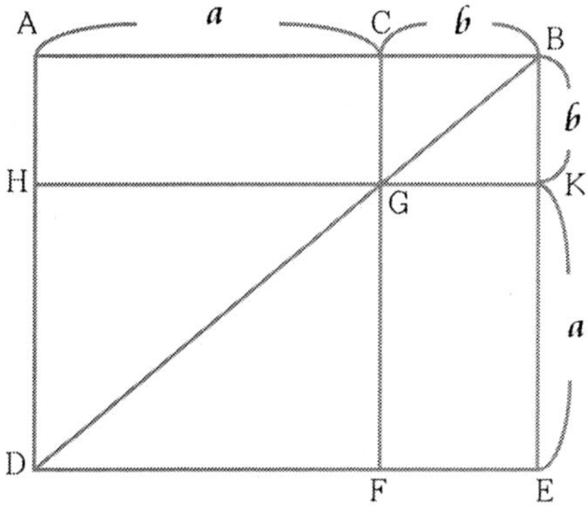

[그림 2-7]

정사각형 ABED의 넓이는 정사각형 CBKG의 넓이와 정사각형 BGFD의 넓이와 직사각형 ACGH의 넓이와 직사각형 GKEF 의 넓이의 합이므로

$$(a+b)^2 = a^2 + b^2 + ab + ab$$

또는

$$(a+b)^2 = a^2 + b^2 + 2ab$$

라는 관계식을 준다.

[성질 2-5]

아래 그림에서 점 C는 선분 AB의 중점이고 D는 선분 CB위에 있다. 사각형 CEFB는 정사각형이고 선분 BE는 대각선이다. 사각형 ABMK는 직사각형이고 선분 DH와 선분 HG는 선분 KM과 수직이다. 이 때 직사각형 ADHK의 넓이와 정사각형 LHGE의 넓이의 합은 정사각형 CEFB의 넓이와 같다.

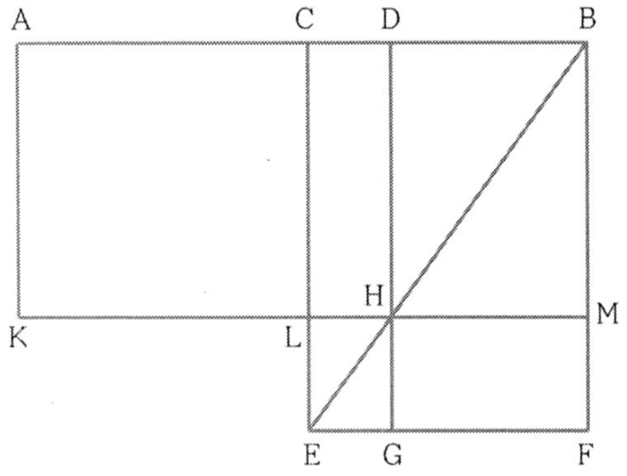

[그림 2-8]

왜 그런지 알아보자. 점 C가 선분 AB의 중점이므로

직사각형 ACLK의 넓이 = 직사각형 CBML의 넓이

이고,

직사각형 CBML의 넓이 = 직사각형 CDHL의 넓이 + 정사각형 DBMH의 넓이

이다.

$$\text{직사각형 CDHL의 넓이} = \text{직사각형 HMFG의 넓이}$$

이므로,

직사각형 ADHK의 넓이 + 정사각형 LHGE의 넓이

= 직사각형 ACLK의 넓이 + 직사각형 CDHL의 넓이 + 정사각형 LHGE의 넓이

= 직사각형 CBML의 넓이 + 직사각형 HMFG의 넓이 + 정사각형 LHGE의 넓이

= 정사각형 CEFB의 넓이

이다.

AD = a, BD = b라고 하면 점 C가 선분 AB의 중점이므로

$$\mathrm{BC} = \frac{a+b}{2},$$

$$\mathrm{CD} = \mathrm{BC} - \mathrm{BD} = \frac{a+b}{2} - b = \frac{a-b}{2}$$

가 된다.

$$\text{직사각형 ADHK의 넓이} = ab$$

$$\text{정사각형 LHGE의 넓이} = (\frac{a-b}{2})^2$$

$$\text{정사각형 CEFB의 넓이} - (\frac{a+b}{2})^2$$

이므로

$$(\frac{a-b}{2})^2 + ab = (\frac{a+b}{2})^2$$

가 성립한다. 여기서 $a = n^2, b = 1$을 넣으면 피타고라스 정리를 얻을 수 있다.

$$(\frac{n^2-1}{2})^2 + n^2 = (\frac{n^2+1}{2})^2$$

이 된다. $n = 2$를 위 식에 넣으면

$$3^2 + 4^2 = 5^2$$

을 얻을 수 있다.

[성질 2-6]

아래 그림과 같이 선분 AB의 중점 C를 택하고 선분 AB를 B 방향으로 연장한 직선위에 점 D를 택한다. 이 때 선분 AB와 선분 BD로 만든 직사각형의 넓이에 선분 BC를 한 변의 길이로 갖는 정사각형의 넓이를 더하면 선분 CD를 한 변의 길이로 하는 정사각형의 넓이와 같다.

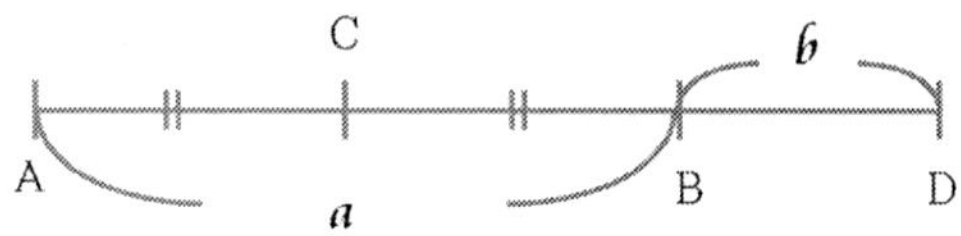

[그림 2-9]

위 그림과 같이 택하면

$$\mathrm{AB} = a$$

$$\mathrm{AC} = \mathrm{CB} = \frac{a}{2}$$

$$\mathrm{BD} = b$$

이 때 AB와 선분 BD로 만든 직사각형의 넓이에 선분 BC를 한 변의 길이로 갖는 정사각형의 넓이를 더한 것은

$$(a+b)b + \left(\frac{a}{2}\right)^2$$

이 되고, 이것을 전개하면

$$ab + b^2 + \frac{a^2}{4}$$

$$= \left(\frac{a}{2} + b\right)^2$$

이 되어, 선분 CD를 한 변의 길이로 하는 정사각형의 넓이가 된다.

[성질 2-7]

아래 그림과 같이 선분 AB위에 임의의 점 C를 잡으면 A B를 한변의 길이로 하는 정사각형의 넓이의 합과 CB를 한 변의 길이로 갖는 정사각형의 넓이의 합은 AB와 BC를 두 변으로 갖는 직사각형의 넓이의 두 배와 AC를 한변의 길이로 갖는 정사각형의 넓이의 합과 같다.

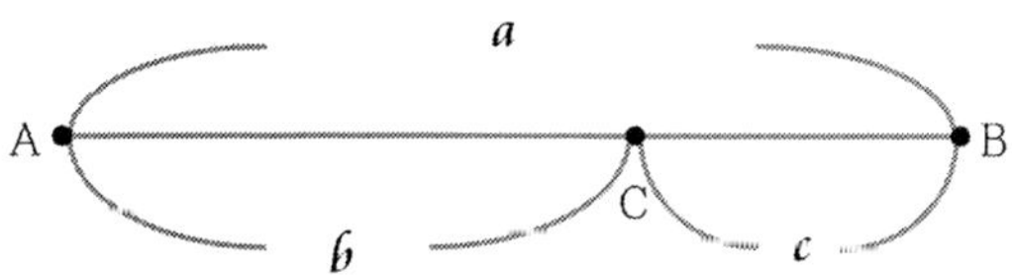

[그림 2-10]

위 그림에서

AB를 한변의 길이로 하는 정사각형의 넓이 = $(b+c)^2 = a^2$

CB를 한 변의 길이로 갖는 정사각형의 넓이 = c^2

AB와 BC를 두 변으로 갖는 직사각형의 넓이 = ac

AC를 한변의 길이로 갖는 정사각형의 넓이 = $b^2 = (a-c)^2$

AB와 BC를 두 변으로 갖는 직사각형의 넓이의 두배와

AC를 한변의 길이로 갖는 정사각형의 넓이의 합은

$$2ac + (a-c)^2 = a^2 + c^2$$

이 되어, AB를 한변의 길이로 하는 정사각형의 넓이의 합과 CB를 한 변의 길이로 갖는 정사각형의 넓이의 합이다.

[성질 2-8]

아래 그림과 같이 선분 AD위에 한 점 C를 택하자. 이 때 AD와 CD로 만드는 직사각형의 넓이의 네 배와 AC를 한 변으로 갖는 정사각형의 넓이의 합은 AD + CD를 한 변의 길이로 갖는 정사각형의 넓이의 합과 같다.

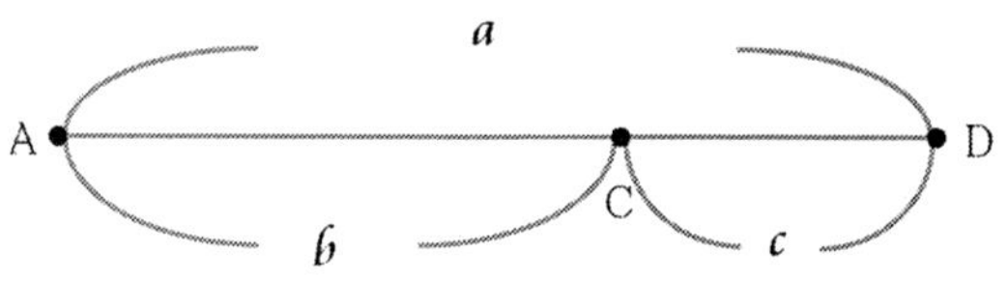

[그림 2-11]

위 그림에서 AD와 CD로 만드는 직사각형의 넓이의 네 배와 AC를 한 변으로 갖는 정사각형의 넓이의 합은

$$4ac + (a - c)^2$$

이 되고, 이 식을 전개하면

$$4ac + a^2 + c^2 - 2ac = a^2 + c^2 + 2ac = (a + c)^2$$

이 되어, AD + CD를 한 변의 길이로 갖는 정사각형의 넓이가 된다.

제3권
원

3-1 원의 성질

원은 한 점을 중심으로 같은 거리에 있는 점들의 모임이다. 이 때 같은 거리를 원의 반지름이라고 부르고 한 점을 원의 중심이라고 부른다.

[성질 3-1]

원의 중심을 지나는 선분이 원의 중심을 지나지 않는 선분을 이등분하면 두 선분이 서로 수직이다.

다음 그림을 보자.

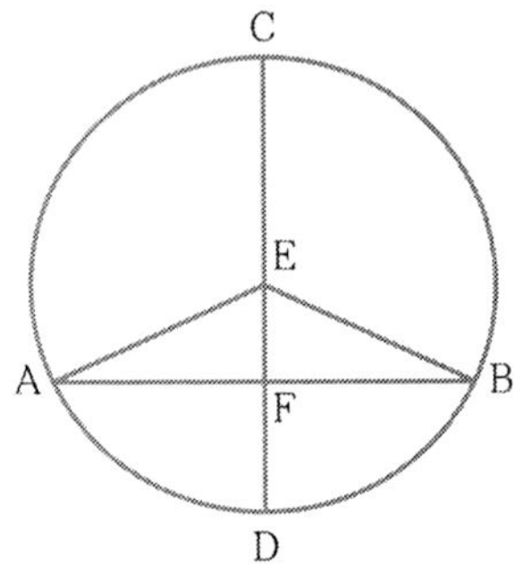

[그림 3-1]

여기서 E는 원의 중심이고, 선분 AB는 원의 중심을 지나지 않는 선분이고, 선분 CD는 원의 중심을 지나는 선분이다. 점 F는 두 선분의 교점이다. 조건에 의해

$$AF = FB$$

이다. 이제 이 조건이 만족될 때 두 선분이 수직으로 만나는 것을 보여야 한다. EA와 EB는 같은 원의 반지름으로 길이가 같다.

$$EA = EB$$

삼각형 EAB는 이등변삼각형이므로 두 밑각은 같다.

$$\angle EAF = \angle EBF$$

따라서 삼각형 EAF와 삼각형 EFB는 합동이다. 합동인 두 삼각형에서 대응각은 같으므로

$$\angle AFE = \angle EFB$$

이다. 이 두각을 더하면 180°이므로

$$\angle AFE = \angle EFB = 90°$$

가 된다.

[성질 3-3]

원에서 중심을 지나지 않는 두 개의 선분이 만나면 각각의 선분이 서로를 이등분할 수 없다.

다음 그림을 보자.

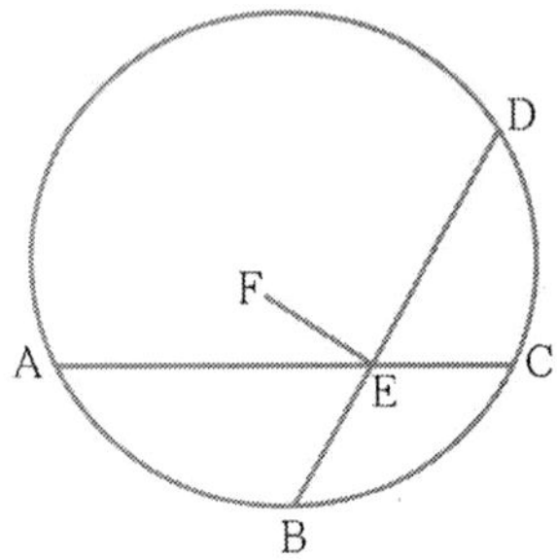

[그림 3–2]

여기서 F는 원의 중심이고 E는 두 선분 AC와 BD의 교점이다. 유클리드는 만일 이 두 선분이 서로를 이등분한다면 모순이 발생하므로 두 선분을 서로를 이등분할 수 없다는 논리로 이 문제를 증명했다. 두 선분이 서로를 이등분한다고 가정하자. 즉,

$$AE = EC, \quad BE = ED$$

이다. 그러므로 FE는 선분 BD와 선분 AC를 수직 이등분해야한다. 즉,

$$\angle FEB = 90°, \quad \angle FEA = 90°$$

이어야 한다. 이것은 모순이다. 그러므로 두 선분이 서로를 이등분할 수 있다는 가정은 모순을 발생시키므로 이 가정은 거짓이다. 즉, 중심을 지나지 않는 만나는 두 선분은 서로를 이등분 할 수 없다.

[성질 3-4]

두 원이 서로 다른 두 점에서 만나면 두 원의 중심이 다르다.

다음 그림을 보자.

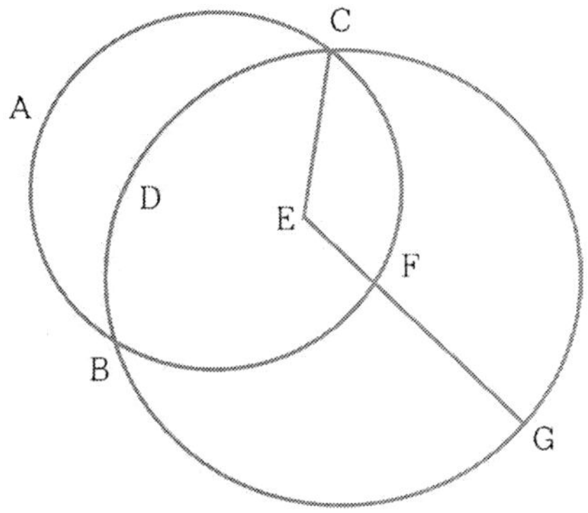

[그림 3-3]

두 점에서 만나는 두 원들이 같은 중심을 갖는다고 가정하자. 같은 중심을 E라고 하자. 이 두 원들이 만나는 점을 C와 B라고 하자. 직선 EC를 긋고, 직선 EG를 그어라. 그러면 EF와 EC는 길이가 같고, EG와 EC도 길이가 같으니, EF와 EG는 길이가 같다. 그런데 EG가 EF보다 길다. 그러므로 이것은 모순이다. 따라서 두 원이 서로 다른 두 점에서 만나면 두 원의 중심이 달라야한다.

3-2 내접과 외접에 관한 성질

유클리드는 두 원이 한 점에서 만나는 것은 두 원이 접한다고 정의했다. 두 원이 한 점에서 만나는 방법에는 두 가지가 있다. 큰 원속에 작은 원이 포함되면서 두 원이 한 점에서 만날 때 두 원이 내접한다고 말하고, 두 원이 서로에게 포함되지 않으면서 한 점에서 만날 때 두 원은 외접한다고 말한다. 이렇게 두 원이 한 점에서 만날 때 그 한 점을 접점이라고 부른다.

[성질 3-6]

두 원이 한 점에서 접하면, 두 원의 중심이 다르다.

다음 그림을 보자.

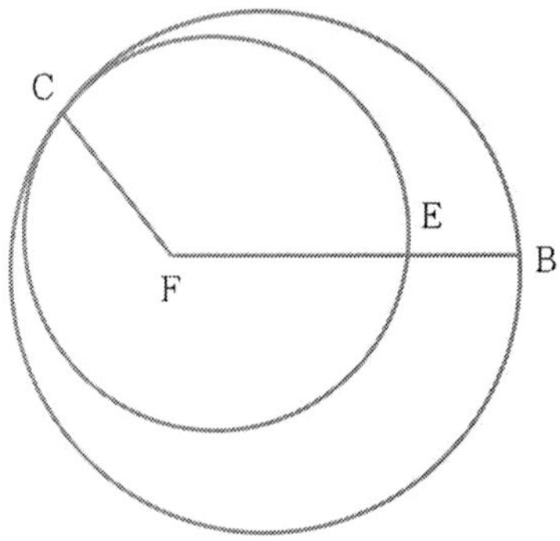

[그림 3-4]

두 원들이 같은 중심 F를 가진다고 가정하자. 이 두 원들의 접점을 C라 하자. 직선 FC를 긋고, 직선 FB를 그어라. 그러면 FE와 FC는 길이가 같고, FB와 FC도 길이가 같으니, FE와 FB는 길이가 같다. 그런데 FB가 FE 보다 길다. 그러므로 이것은 모순이다. 따라서 두 원이 한 점에서 접하면, 두 원의 중심이 달라야한다.

[성질 3-7]

두 원이 내접할 때 두 원의 중심을 연결한 직선은 두 원의 접점을 반드시 지난다.

유클리드는 두 원의 중심을 연결한 직선이 두원의 접점을 지나지 않으면 모순이 생긴다는 것을 알아내 이 성질을 증명했다. 다음 그림을 보자.

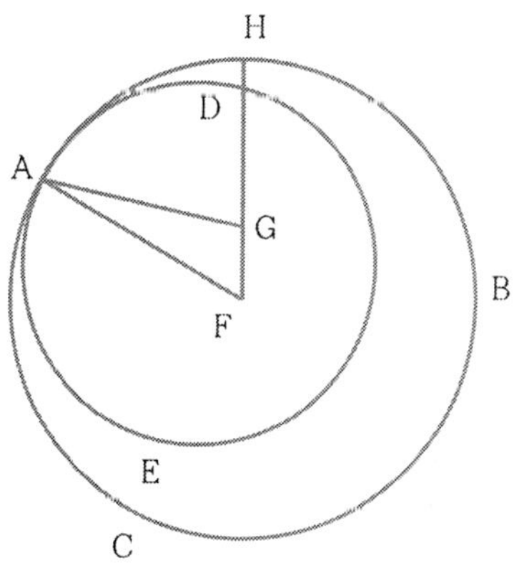

[그림 3-5]

그림에서 F는 큰 원의 중심이고 A는 두 원의 접점이다. 작은 원의 중심을 G라고 하자. 이 때 두 원의 중심을 연결한 선분은 선분 FG이다. 이제 이 선분을 연장해서 만든 직선이 접점에서 만나지 않고 작은 원과는 D에서 만나고 큰원과는 H에서 만난다고 하자. 삼각형 AGF에서 두 변의 길이는 다른 한 변의 길이보다 커야하므로

$$AG + FG > AF \quad (a)$$

이다. AF 와 FH는 큰 원의 반지름이므로

$$AF = FH \quad (b)$$

이다. (a)의 양변에서 FG를 빼면

$$AG + FG - FG > AF - FG$$

이 되고, (b)를 이용하면

$$AG > FH - FG$$

이고 정리하면

$$AG > GH$$

가 된다. 그림에서 우리는

$$GH > GD$$

라는 것을 알수 있다. 따라서 우리는

$$AG > GD \quad (c)$$

임을 알 수 있다. 그런데 G는 작은 원의 중심이고 A와 D는 작은원 위의 점이므로

$$AG = GD = \text{작은 원의 반지름} \quad (d)$$

이다. 그러므로 (c)와 (d)는 모순이다. 그러므로 두 두 원의 중심을 연결한 직선은 두 원의 접점을 반드시 지나야한다.

[성질 3-8]

두 원이 외접할 때 두 원의 중심을 연결한 직선은 두 원의 접점을 반드시 지난다.

역시 이 경우도 유클리드는 두 원의 중심을 연결한 직선이 두 원의 접점을 지나지 않으면 모순이 생긴다는 것으로 이 성질을 증명했다. 다음 그림을 보자.

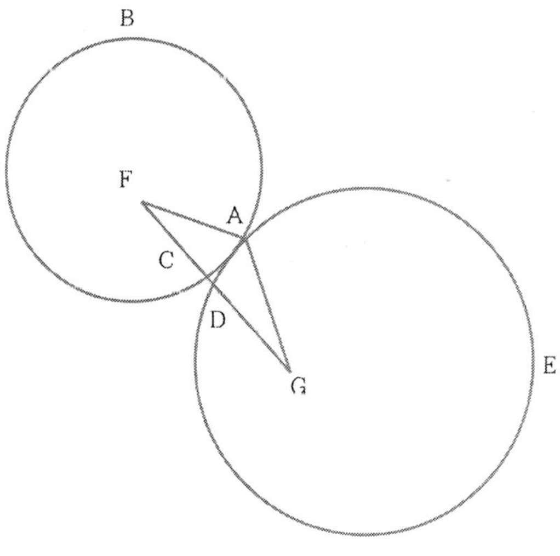

[그림 3-6]

그림에서 F와 G는 각각 두 원의 중심이고 A는 두 원의 접점이다. 만일 두 원의 중심을 연결한 선분 FG가 접점을 지나가 않고 두 원가 C, D에서 만난다고 하자. 삼각형 AFG에서

$$AF + AG > FG \quad (a)$$

이다.

$$FG = FC + CD + DG \quad (b)$$

이고, FC = AF, AG = DG이므로

$$FG = AF + CD + DG \quad (c)$$

이다. 두 원의 중심을 연결한 직선이 접점을 지나지 않으므로 CD는 0이 아니다. (c)를 (a)에 넣으면

$$AF + AG > AF + CD + DG$$

가 되고, 이것은

$$CD < 0$$

임을 의미한다. 그런데 선분 CD는 길이는 음수가 될 수 없으므로 모순이다. 그러므로 두 원이 외접할 때도 두 원의 중심을 연결한 직선은 두 원의 접점을 지나야한다.

[성질 3-9]

아래 그림에서 선분 AB와 선분 CD는 길이가 같다. 이 때 원의 중심 E에서 두 선분까지의 거리는 같다.

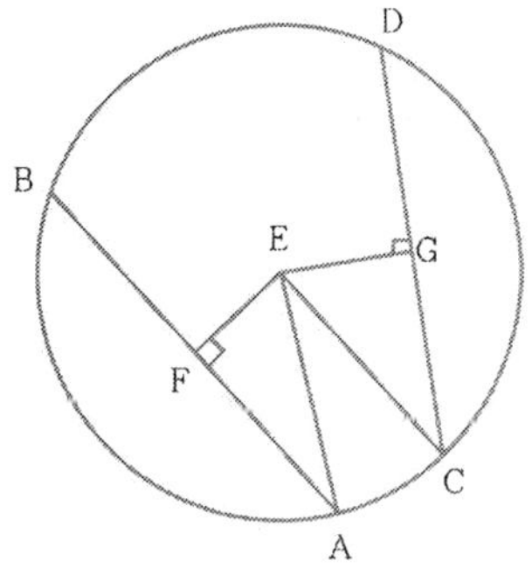

[그림 3-7]

원의 중심 E에서 두 선분에 수선 EF, EG를 그어라. 그러면 F는 AB를 이등분하고, G는 CD를 이등분한다[성질 3-3]. 그러므로

$$AF=FB=CG=GD$$

피타고라스 정리에 의해

$$AF^2+EF^2=AE^2$$

$$CG^2+EG^2=CE^2$$

이고,

$$AE=CE \text{ 이며 } AF=CG$$

이므로

$$EF^2=EG^2$$

이다. 즉, EF와 EG는 길이가 같다. 그러므로 직선 AB와 직선 CD는 중점으로부터 같은 거리에 있다.

[성질 3-10]

아래그림처럼 중심이 F인 원이 직선 DE에 접하고 그 접점은 C이다. 이 때 원의 반지름 FC와 접선은 수직이다.

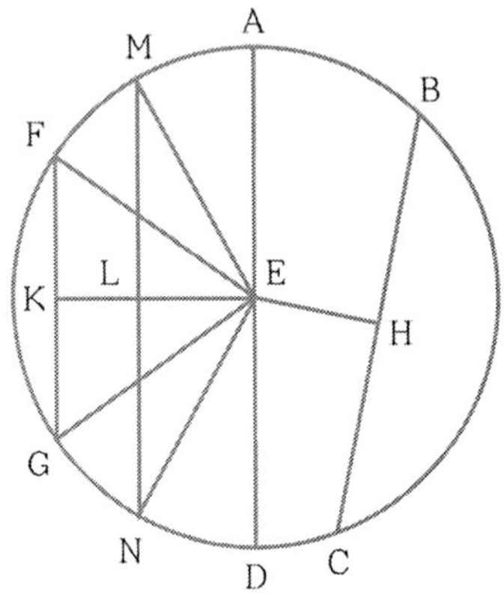

[그림 3-8]

만약 직선 FC가 DE와 수직이 아니라고 가정하자. FG가 DE에 수직이라고 하자. 이 때 각 FGC는 직각이고, 각 FC G는 예각이다. 삼각형에서 큰 각에 대응되는 변의 길이가 더 길기 때문에

$$FC > FG \quad (a)$$

이다. 그런데 FC = FB이므로

$$FB > FG \ (b)$$

가 된다. 이것은 모순이므로 직선 FC가 DE와 수직이어야한다.

3-3 원에서 각도 문제

[성질 3-11]

중심각의 크기는 원주각의 크기의 2배이다.

우선 중심각과 원주각을 이야기 하려면 원 위의 호가 하나 필요하다. 다음 그림을 보자.

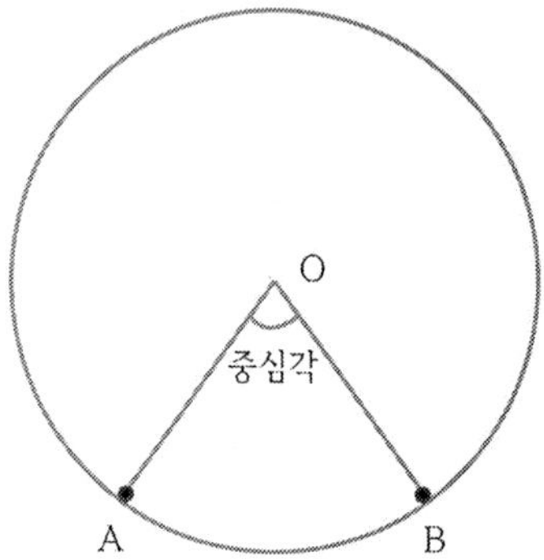

[그림 3-9]

위 그림에서 호 AB의 양 끝에서 원의 중심으로 선을 그었을 때 생기는 각을 중심각이라고 부른다. 다음 그림을 보자.

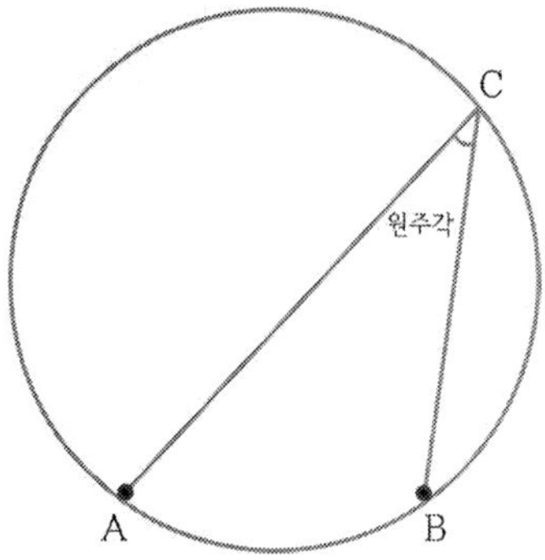

[그림 3-10]

위 그림에서 호 AB의 바깥 편인 호 쪽으로 선을 그었을 때 생기는 각을 원주각이라 부른다.

중심각은 한 호에서 하나밖에 없지만, 원주각은 무수히 많이 생길 수 있다.

이제 다음 그림을 보자.

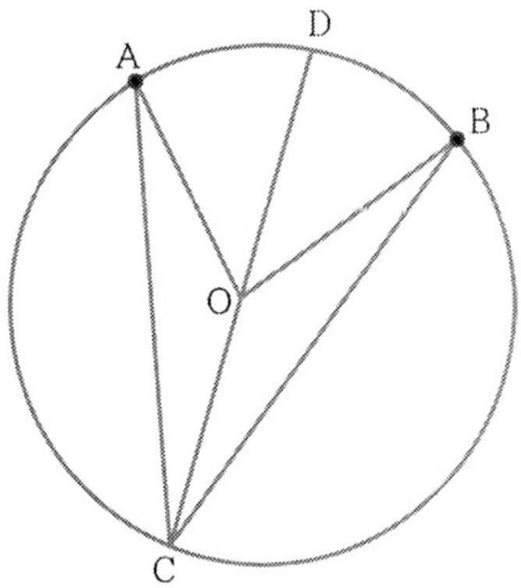

[그림 3-11]

위 그림에서 각 AOB는 호 AB에 대한 중심각, 각 ACB는 호 AB에 대한 원주각이다. 삼각형 AOC와 삼각형 COB는 이등변 삼각형이므로 두 밑각은 같다. 그러므로 다음과 같이 놓을 수 있다.

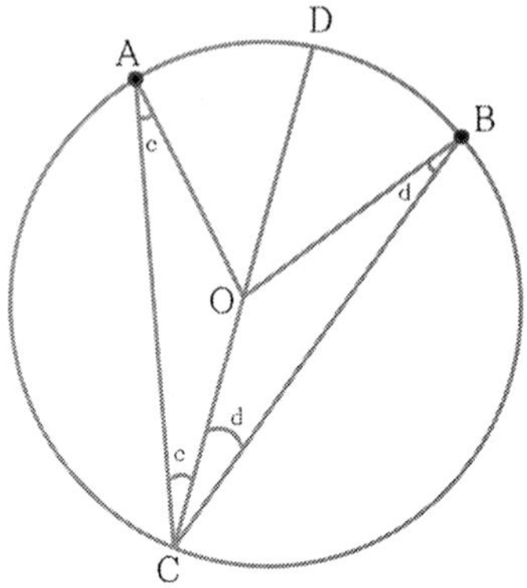

[그림 3-12]

각 AOD = 2 c

각 DOB = 2 d

이므로 중심각 AOB는

각 AOB = 2 c + 2 d = 2 (c +d)

가 된다. c+d는 호 A B에 대한 원주각이므로 중심각은 원주각의 두 배이다.

[성질 3-12]

한 호에 대한 원주각은 모두 크기가 같다.

다음 그림을 보자.

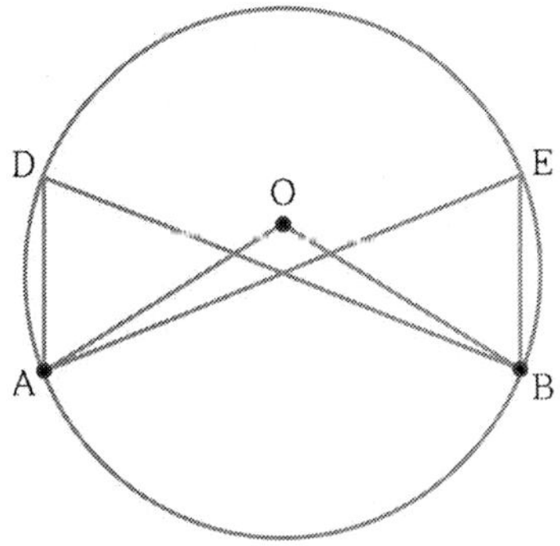

[그림 3-13]

위 그림에서 호 AB에 대한 중심각은 각 AOB이다. 이 때 각 ADB와 각 AEB는 호 AB의 두 원주각이다. 한 호에 대한 원주각은 중심각의 절반이므로 두 원주각은 같다. 임의의 두 원주각이 같으므로 이것은 모든 원주각이 같음을 의미한다.

[성질 3-13]

원위의 서로 다른 네 점을 연결해 만든 사각형에서 마주 보는 두 각의 합은 2직각이다.

다음 그림을 보자.

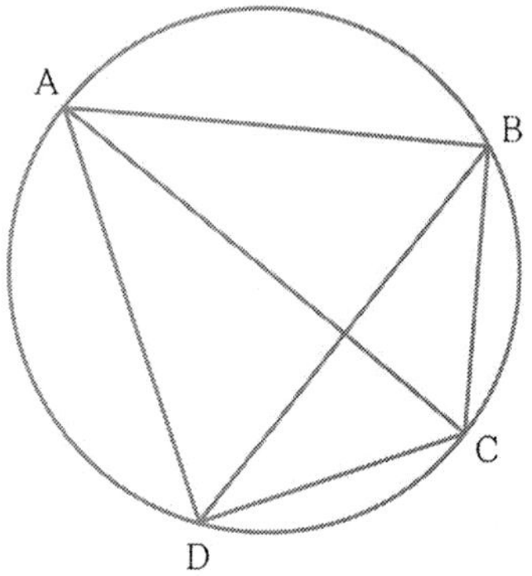

[그림 3-14]

위 그림에서 한 호에 대한 원주각은 같으므로 다음 그림과 같이 놓을 수 있다.

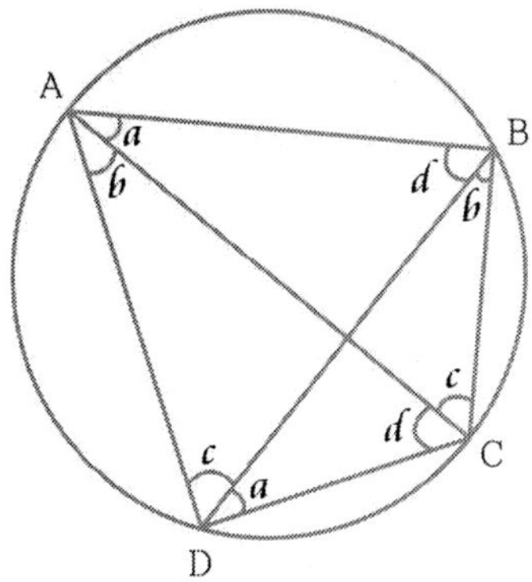

[그림 3-15]

사각형의 네 각의 합은 360°이므로

$$2(a+b+c+d)=360°$$

이고,

$$a+b+c+d=180°$$

이다. 여기서 $a+b+c+d$ 는 마주 보는 두 각의 합이다.

[성질 3-14]

반원의 원주각은 직각이다.

이 성질은 탈레스가 처음 증명했다. 다음 그림을 보자.

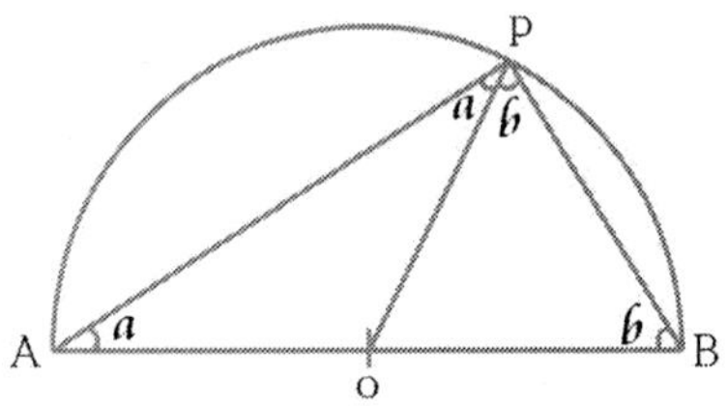

[그림 3–16]

O는 원의 중심이고 ∠PAO 를 a, ∠PBO 를 b라고 하자. 여기서 선분 AO, 선분OP, 선분 OB의 길이를 비교하면 모두 반지름으로 같다. 삼각형 OPA에서 $\overline{OA} = \overline{OP}$ 이므로 이 삼각형은 이등변 삼각형이다. 따라서 두 밑각은 같으니까 ∠OPA 역시 a가 된다. 마찬가지로 삼각형 OBP도 이등변 삼각형이니까 ∠OPB도 b가 된다. 그러니까

$$\angle APB = a + b$$

가 된다. 그런데 삼각형의 내각의 합은 180° 이니까

$$\angle AOP = 180^\circ - 2 \times a$$

$$\angle POB = 180^\circ - 2 \times b$$

가 된다. $\angle AOP + \angle POB = 180^\circ$ 을 이용해서 위의 두 식을 더하면

$$180^\circ = 360^\circ - 2 \times a - 2 \times b$$

가 된다. 양변에서 180° 를 빼면

$$0 = 180^\circ - 2\times a - 2\times b$$

가 되는 데, 양변에 $2\times a + 2\times b$를 더하면

$$2\times a + 2\times b = 180^\circ$$

가 된다. 그런데

$$2\times a + 2\times b = 2\times(a+b)$$

이니까 위식은

$$2\times(a+b) = 180^\circ$$

가 된다. 이 식의 양변을 2로 나누면

$$a+b = 90^\circ$$

가 되니까

$$\angle \mathrm{APB} = a+b = 90^\circ$$

가 된다.

3–4 원과 직선의 관계

[성질 3-15]

아래 그림의 원에서 다음 관계가 성립한다.

$$AE \cdot EC = BE \cdot ED$$

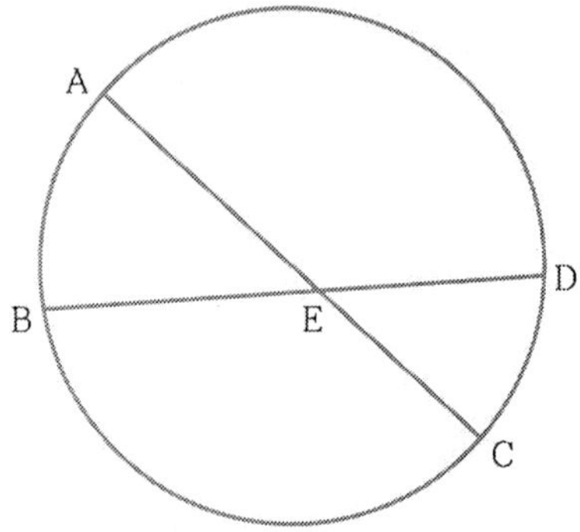

[그림 3-17]

원 ABCD의 안에서 두 직선 AC, BD,가 점 E에서 만난다고하자. 만약 AC, BD가 중점을 지나면, 즉 E가 이 원의 중심이면 이 성질이 만족되는 것은 분명하다. AC, BD가 중심에서 만나지 않는 경우, 원의 중심을 F라 하고, AC에 수직이 되도록 FG를 긋고, BD에 수직이 되도록 FH를 그리자.

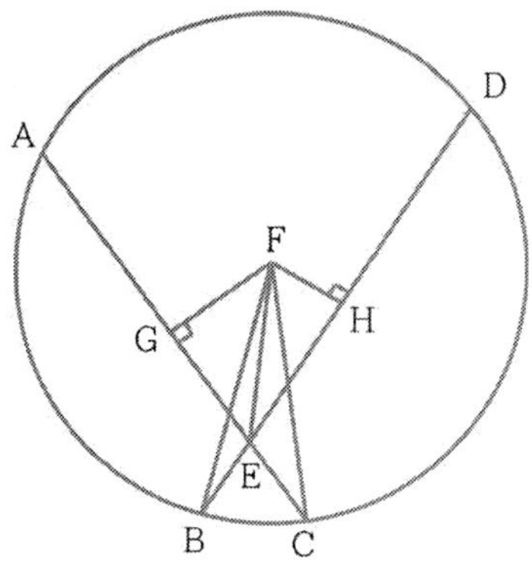

[그림 3-18]

G가 수선의 발이므로 AG와 GC는 길이가 같다. 이 때

$$AE \cdot EC + EG^2 = GC^2$$

이 성립한다. 양변에다 GF^2을 더하면

$$AE \cdot EC + EG^2 + GF^2 = GF^2 + GC^2$$

이 되고, 이 식은

$$AE \cdot EC + EF^2 = FC^2$$

으로 쓸 수 있다. 직선 BD에 대해서 마찬가지 과정을 적용하면, 다음 식을 얻는다.

$$BE \cdot ED + EF^2 = FB^2$$

그런데 FB와 FC는 길이가 같으므로

$$AE \cdot EC = BE \cdot ED$$

이다.

[성질 3-16]

원의 바깥에 있는 점에서 원으로 두 직선을 그려 한 직선은 원과 두 점에서 만나고 다른 한 직선은 원에 접하도록 하라.

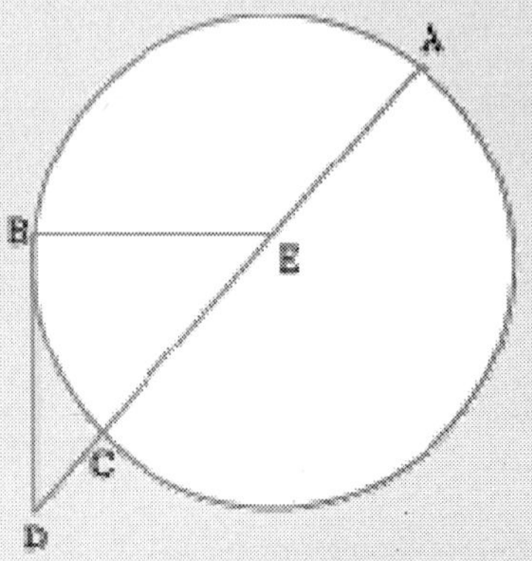

[그림 3-19]

이 때 다음이 성립한다.

$$AD \cdot DC = DB^2$$

원의 중심을 E라고 하고, AC에 수직이 되도록 EF를 그어라.

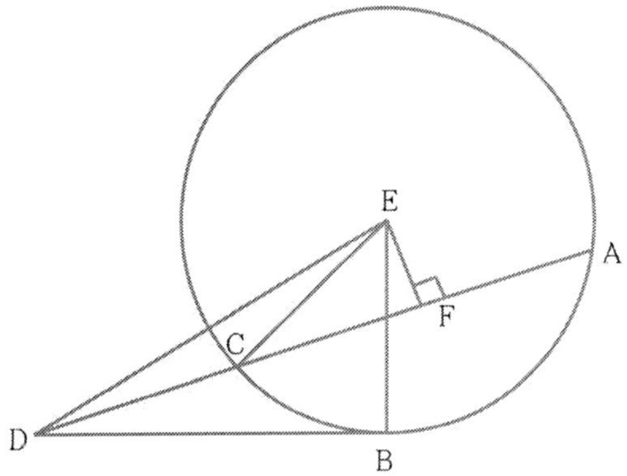

[그림 3-20]

이때

$$AD \cdot DC + FC^2 = FD^2$$

이 성립한다. 양변에 EF^2을 더하면

$$AD \cdot DC + FC^2 + EF^2 = FD^2 + EF^2$$

이 되고, 이 식은

$$AD \cdot DC + EC^2 = DE^2$$

이 된다. 피타고라스 정리에 따라

$$DB^2 + EB^2 = DE^2$$

이고, EB=EC이므로 $AD \cdot DC$와 DB^2은 크기가 같다.

누구나 읽을 수 있는
기하학 원론

제4권

정다각형과 원

[성질 4-1]

임의의 삼각형에 원을 내접시켜라.

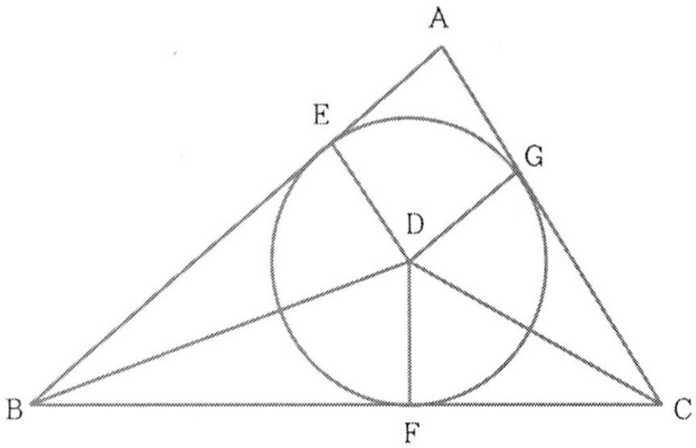

[그림 4-1]

위 그림에서 각 ABC를 이등분하는 직선 BD, 각 ACB를 이등분하는 직선 CD를 그어서, 이들이 만나는 점을 D로 나타내자. D에서 직선 AB, BC, CA에 수직이 되도록 직선 DE, DF, DG를 그린다. 이 때 삼각형 EBD와 삼각형 DBF는 합동이므로 DE와 DF는 길이가 같다. 그리고 삼각형 FCD와 삼각형 GCD도 합동이 므로, DF와 DG는 길이가 같다. 그러므로 D를 중점으로, 직선 DE, DF, DG 중의 하나를 반지름으로 해서 원을 그리면, 이 원은 직선 AB, BC, CA에 접하게 된다. 왜냐 하면 각 BED, 각DFC, 각DGA의 각들이 직각이기 때문이다.

[성질 4-2]

임의의 삼각형에 대해 원을 외접시켜라.

다음 그림을 보자.

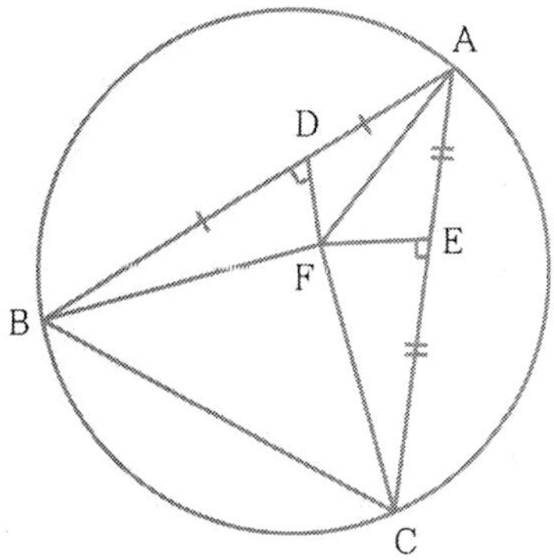

[그림 4-2]

변 AB를 수직 이등분하도록 직선 DF를 그리고, 변 AC를 수직 이등분하도록 직선 EF를 그려서 이들이 만나는 점을 F라 하자. 위 그림처럼 점 F가 삼각형의 안에 놓이는 경우를 생각하자. 직선 FA, FB, FC를 그려라. 삼각형 ADF와 삼각형 BDF는 합동이므로 FA와 FB는 길이가 같다. 마찬가지 이유로 FA와 FC는 길이가 같다. 그러므로 점 F를 중점으로, FA, FB, FC중의 하나를 반지름으로 해서 원을 그리면, 이 원은 삼각형 ABC에 외접한다.

이번에는 점 F가 변 BC에 놓이는 경우를 보자.

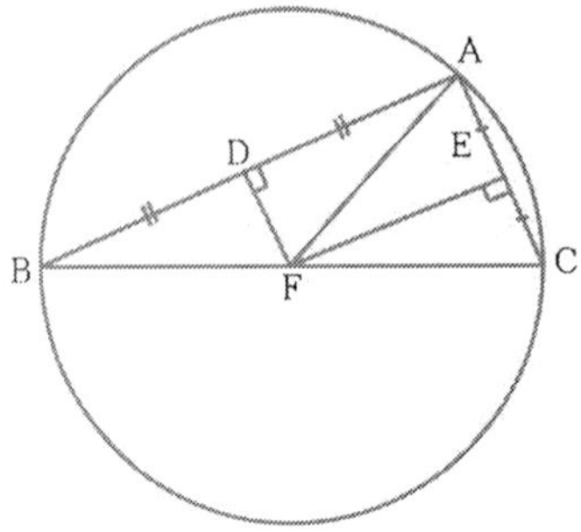

[그림 4-3]

마찬가지 방법으로 F를 중점으로 해서 원을 그릴 수 있다는 것을 알 수 있다.

마지막으로 점 F가 삼각형의 바깥에 놓이는 경우를 생각하자.

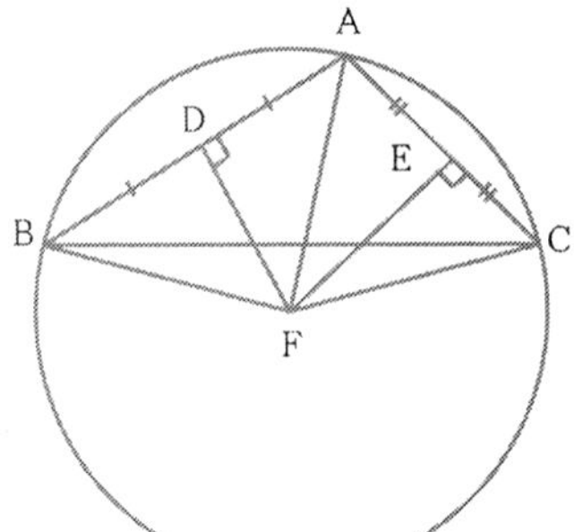

[그림 4-4]

직선 FA, FB, FC를 그려라. 삼각형 ADF와 삼각형 BDF는 합동이므로 FA와 FB는 길이가 같다. 마찬가지 이유로 FA와 FC는 길이가 같다. 그러므로 점 F를 중점으로, FA, FB, FC 중의 하나를 반지름으로 해서 원을 그리면 된다.

[성질 4-3]

어떤 원이 주어졌을 때 원 안에 정사각형을 내접시켜라.

다음 그림을 보자.

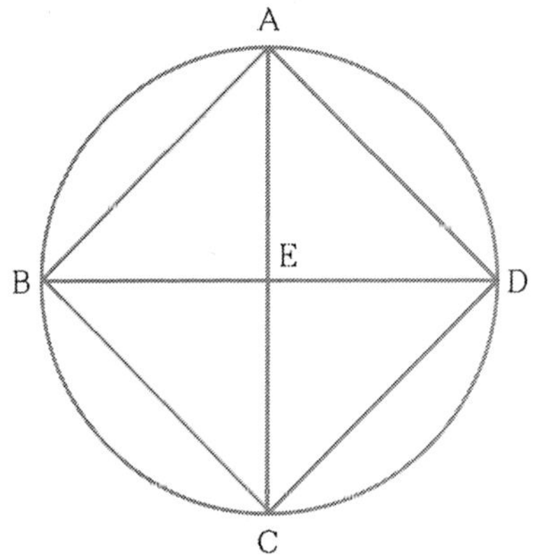

[그림 4-5]

원 ABCD에서 원의 지름 AC와 BD를 서로 수직이 되도록 긋고, 원의 중점을 E라 하자. 직선 AB, BC, CD, DA를 그어라. 그러면 네 개의 삼각형들이 합동이 므로 AB, BC, CD, DA는 모두 길이가 같다. 그리고 각 ABC, 각 BCD, 각 CDA, 각 DAC는 모두 반원의 원주각들이므로 모두 직각이다. 그러므로 사각형 ABCD는 정사각형이다.

[성질 4-4]

어떤 원이 주어졌을 때, 그 원에 정사각형을 외접시켜라.

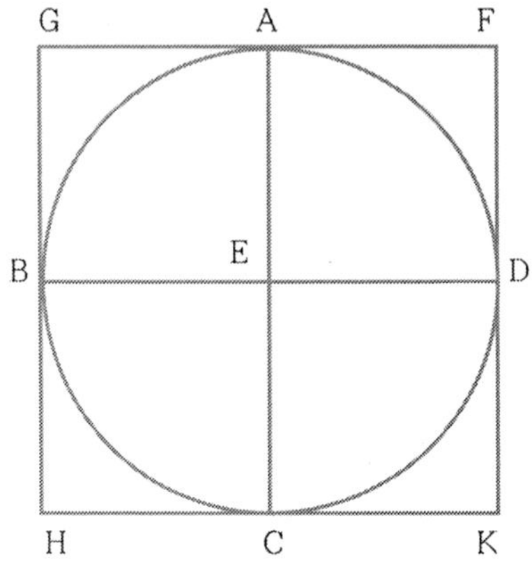

[그림 4-6]

원 ABCD의 지름 AC와 BD를 서로 수직이 되도록 그어라. 원의 중점을 E라 하자. 점 A, B, C, D에 원에 접하도록 직선 FG, GH, HK, KF를 그어라. 각 GAE, 각 GBE, 각 ECK, 각 EDF, 각 AED가 모두 직각이므로 각 F, 각 G, 각 H, 각 K도 모두 직각이다. 그러므로 네 개의 조그마한 사각형들은 모두 평행사변형들이며, AE와 BE의 길이가 같으므로 BG와 AG도 길이가 같다. 즉 평행사변형의 변의 길이가 모두 같다. 그러므로 FG, GH, HK, KF는 길이가 같다. 그러므로 FGHK는 정사각형이다.

[성질 4-5]

정사각형이 주어졌을때, 그 안에 원을 내접시켜라.

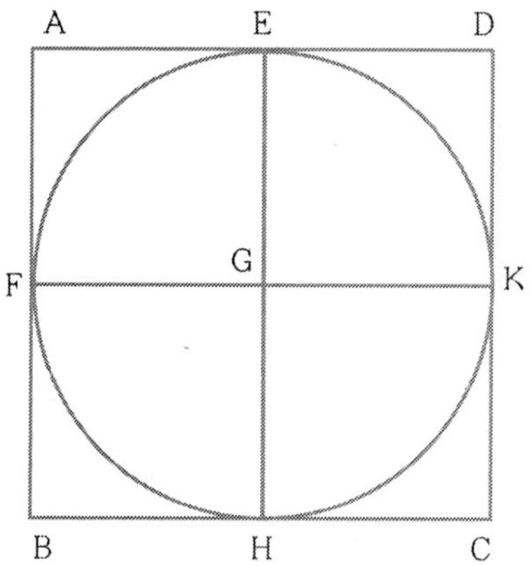

[그림 4-7]

정사각형 ABCD에서 AD를 수직 이등분하도록 직선 EH를 긋고, AB를 수직 이등분하도록 직선 FK를 그어서, 이들이 만나는 점을 G라 하자. A, E, F, 각들이 모두 직각이므로 각 EGF도 직각이다. 그러므로 사각형 AFGE는 평행사변형이며, AE와 AF의 길이가 같으므로 FG와 EG의 길이도 같다. 즉, 변들의 길이가 모두 같다. 그러므로 AFGE는 정사각형이다. 그러므로 GE와 GF는 길이가 같다. 마찬가지 방법으로, 작은 사각형들이 모두 정사각형임을 보일 수 있다. 따라서 GE, GF, GH, GK는 모두 길이가 같다. E, F, H, K의 각들이 모두 직각이니, G를 중점으로, GE를 반지름으로 해서 원을 그리면, 정사각형 ABCD에 내접하게 된다.

[성질 4-6]

정사각형이 주어졌을 때, 원을 외접시켜라.

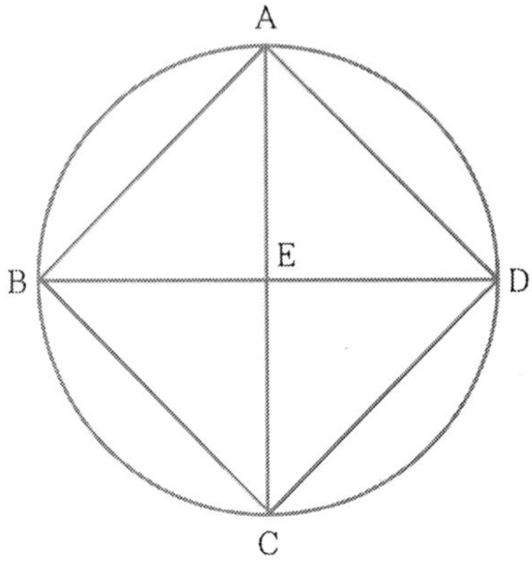

[그림 4-8]

정사각형 ABCD에서 대각선 AC, BD를 그어서, 이들이 만나는 점을 E라 하자. 그러면 삼각형 DAC는 삼각형 BAC와 합동이며, 따라서 각 DAC와 각 BAC는 크기가 같으며, 직선 AC는 각 DAB를 이등분한다. 마찬가지로 직선 BD는 각 ABC를 이등분한다. 따라서 각 EAB와 각 EBA는 크기가 같으며, 변EA와 변 EB는 길이가 같다. 마찬가지로 EA, EB는 ED, EC와 각각 길이가 같음을 보일 수 있다. 그러므로 EA, EB, EC, ED는 모두 길이가 같다. 그러므로 E를 중점으로, 직선 EA, EB, EC, ED 중의 하나를 반지름으로 해서 원을 그리면, 이 원은 정사각형 ABCD에 외접하게 된다.